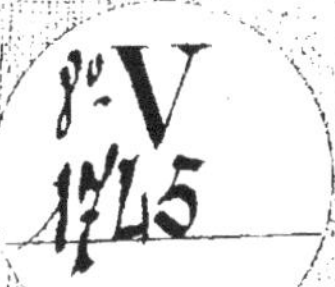

ÉLÉMENTS

DE

COMPTABILITÉ COMMERCIALE

ET DE

TENUE DES LIVRES

EN

PARTIE SIMPLE ET EN PARTIE DOUBLE

PAR

EMANUELLI

PARIS

CHEZ TOUS LES LIBRAIRES

1878

ÉLÉMENTS

DE

COMPTABILITÉ COMMERCIALE

ET DE

TENUE DES LIVRES

TOULON. — TYPOGRAPHIE ET LITHOGRAPHIE MICHEL MASSONE

ÉLÉMENTS

DE

COMPTABILITÉ COMMERCIALE

ET DE

TENUE DES LIVRES

EN

PARTIE SIMPLE ET EN PARTIE DOUBLE

PAR

EMANUELLI

PARIS

CHEZ TOUS LES LIBRAIRES

1878

PRÉFACE

Cet ouvrage s'adresse d'abord aux jeunes gens qui, se destinant à la carrière commerciale, sont obligés d'avoir une certaine connaissance de tout ce qui se rattache à la comptabilité. Sous ce rapport, nous avons l'espoir qu'il deviendra classique par sa clarté et sa simplicité.

Il s'adresse ensuite à MM. les Négociants, Marchands, Banquiers, Industriels, Commissionnaires, etc., qui ont négligé de s'instruire dans une chose qui leur devient indispensable pour pouvoir d'un coup d'œil voir constamment leur situation et ne pas se fier aveuglément à leurs employés.

Il s'adresse aussi, plus accessoirement il est vrai, mais cependant avec une importante utilité, à MM. les Avocats, Avoués et hommes d'affaires chargés de discuter ou de régler des différends existant entre deux ou un plus grand nombre de personnes qui ne sont pas d'accord sur le règlement de leurs comptes, et appelés à apprécier, en dehors des questions de droit et d'équité, la valeur d'un rapport ou d'un compte pour ce qui concerne les chiffres; et enfin, à MM. les Juges consulaires surtout, qui, fort souvent, n'ont que peu ou point de notions du sujet que nous avons traité, quoique ce dût être la première condition qu'il faudrait exiger de ces derniers.

On remarquera que la partie de notre livre relative à la PRATIQUE, renferme une certaine variété d'articles, ce que nous avons fait à dessein, dans le but de bien faire comprendre que quel que soit le genre de commerce, d'industrie ou d'affaire en général, cela ne change pas l'application de notre théorie, si toutefois nous pouvons dire qu'elle nous appartient autrement que par la manière dont nous l'avons présentée, car, au fond, nous devons être d'accord avec nos devanciers que nous avons cru ne pas devoir consulter, dans la crainte d'être tenté de nous laisser glisser sur la pente du *plagiat* qui nous aurait peut-être épargné un peu de besogne, mais qui aurait pu nuire à l'homogénéité et à l'originalité de notre œuvre.

Donc, persuadé d'être aussi complet, aussi correct, aussi clair que le comporte notre sujet, nous publions ce livre tel que nous l'avons conçu après une longue pratique. Nous espérons qu'il rendra plus de services qu'il n'a la prétention d'être une œuvre d'ambition, et s'il doit rester chez le libraire, nous ne nous en plaindrons pas, parce que nous croirons que ceux qui doivent posséder les notions qu'il renferme, n'ont pas attendu son éclosion sous notre humble plume, pour s'instruire dans une science ou art, comme on voudra l'appeler, que tout commerçant, industriel, banquier, etc., doit connaître, sous peine de naviguer, comme on dit, en *eau trouble* et de se préparer bien des mécomptes ainsi que les employés qui souvent se chargent de tenir une comptabilité, en ne possédant que des notions incomplètes ou routinières, et sont arrêtés, dès les premiers pas, en changeant de maison, par le moindre travail qu'ils n'ont pas déjà exécuté.

On verra aussi que dans la PRATIQUE de notre ouvrage, nous avons eu soin d'affecter à la *partie double* absolument les mêmes articles rédigés d'abord en *partie simple*, dans le but de bien faire comprendre en quoi consiste la différence entre les deux modes, et de faciliter l'appréciation et la connaissance du mécanisme.

Nous n'avons pas trop multiplié les articles de notre Journal ou Main-Courante, et par conséquent les comptes à ouvrir au Grand-Livre, parce que, d'une part, nous avons considéré que ceux que nous avons fournis, doivent, par assimilation, par analogie, amplement suffire à l'interprétation de ceux qui pourront se présenter dans le cours d'opérations quelconques; et, d'autre part, nous n'avons pas voulu augmenter outre mesure et inutilement le volume de notre ouvrage afin de le rendre moins coûteux et plus portatif, indépendamment de l'avantage qu'y trouveront les personnes qui voudront s'exercer sur notre travail, d'y consacrer beaucoup moins de temps et de l'aborder avec plus d'attrait, un long travail de chiffres étant toujours fastidieux lorsque surtout il n'est pas d'une nécessité absolue comme c'est ici le cas.

THÉORIE

CHAPITRE PREMIER

Notions préliminaires. — Du Journal ou Main-Courante. — Partie simple avec exemples. — Partie double avec exemples. — Des avantages de la Partie double sur la Partie simple. — En quoi la Partie double diffère de la Partie simple.

NOTIONS PRÉLIMINAIRES

La comptabilité commerciale et la tenue des livres consistent d'abord à inscrire jour par jour et par ordre de dates, sur un livre appelé *Journal* ou *Main-Courante*, toutes les opérations que des négociants, marchands, banquiers, industriels, commissionnaires, etc., sont appelés à faire, soit pour leur propre compte, soit pour le compte d'autrui.

Indépendamment du livre ou des livres ci-dessus, car ils sont la répétitiou l'un de l'autre et ne diffèrent que par une sorte de mise au net, on peut avoir autant de livres auxiliaires que les différents genres d'opération l'exigent; mais le livre Journal ou Main-Courante devra invariablement être celui sur lequel se trouveront consignés tous les achats, ventes, recettes, paiements, etc.

Ceci étant bien compris, que doit faire un négociant, un banquier, un industriel, un marchand, un commissionnaire, au début de ses opérations ?

Il doit dresser le *Bilan* ou *Inventaire* de tout ce qu'il possède et de tout ce qu'il doit, soit en marchandises, soit en espèces, soit en valeurs quelconques, soit en immeubles, soit en meubles, etc. Le bilan ou inventaire devra figurer en tête de son Journal ou Main-Courante, et formera par conséquent le premier article qui servira à ouvrir au Grand-Livre les différents comptes qu'il renfermera.

Il arrive quelquefois qu'un chef ou des chefs de maison associés, ne voulant pas faire connaître leur position de fortune à leurs employés, croient avoir un intérêt quelconque à ne pas la voir figurer sur leurs livres. Ils auront, dans ce cas, un livre spécial contenant le résumé de leur premier inventaire, et ensuite de leurs inventaires successifs qui se modifieront naturellement par les bénéfices réalisés ou les pertes survenues, c'est-à-dire par le solde du compte de profits et pertes lorsque les écritures seront tenues en *partie double*, et par la différence entre ce qu'ils possèdent et ce qu'ils doivent, lorsque les écritures seront tenues en *partie simple;* ce qui revient au même comme résultat, mais non parfois comme exactitude et quant à la facilité qu'offre la *partie double*, dans une affaire aussi importante et aussi compliquée qu'on voudra, de pouvoir, tous les jours, se rendre compte d'une situation générale ou particulière.

Au début d'un commerce quelconque, alors qu'il n'est entré dans nos magasins aucune marchandise, notre Inventaire ne comporte d'abord que notre *avoir civil*, ou ce que nous possédons, et nos *dettes civiles;* mais plus tard, soit dans un mois, dans six mois, dans un an, etc., lorsque nous le referons, il devra contenir, indépendamment des articles primitifs, s'ils existent encore, soit en totalité, soit en partie, toutes les valeurs nouvelles formant notre actif et notre passif, c'est-à-dire, pour l'*actif*, les nouvelles créances, les marchandises existantes, les effets en portefeuille, etc., et pour le *passif*, les factures, les effets à payer nouveaux, etc. Il en résulte, sans que nous ayons besoin de nous appesantir sur ce point, que chaque inventaire devra différer de ceux qui l'auront précédé et qui le suivront. Cette observation paraîtra superflue à ceux qui déjà ont quelques notions de comptabilité, mais elle ne l'est sans doute pas pour les personnes privées des dites notions.

Il y a deux manières de tenir les livres : en *partie simple* et en *partie double.*

PARTIE SIMPLE

Dans la *partie simple* on se borne à débiter ou à créditer une personne selon qu'on lui livre ou qu'elle livre elle-même de la marchandise, des espèces ou autres objets. Ainsi, PIERRE, de Marseille, nous expédie 40 balles de farine à raison de 50 fr. la balle dont il nous remet facture en date du 3 octobre. Nous passons pour cette première opération l'article suivant :

——————— Du 5 octobre 1876 ———————

Avoir de PIERRE, *de Marseille*,

Sa facture du 3 courant, à 40 balles farine qu'il nous à expédiées à raison de 50 fr. la balle, payables à 30 jours, sans escompte . . . . F. 2,000

Nous avons, au contraire, expédié à NICOLAS, de Paris, 20 caisses d'immortelles, s'élevant, à raison de 50 fr. la caisse, et suivant notre facture, à Fr. 1,000. Nous inscrivons immédiatement cette seconde opération à la suite de la précédente en les séparant par un trait. Nous écrivons :

——————— Du 6 octobre 1876 ———————

Doit NICOLAS, *de Paris*,

Notre facture de ce jour à 20 caisses d'immortelles, à raison de 50 fr. la caisse, que nous lui avons expédiées par chemin de fer, petite vitesse . . . . F. 1,000

PIERRE nous donne avis qu'il fait traite sur nous au 5 novembre prochain pour le montant de sa facture. Si nous n'avons aucun motif pour ne pas payer cette traite à son échéance, nous en débitons Pierre comme suit. Nous écrivons :

——————— Du 8 octobre 1876 ———————

Doit PIERRE, *de Marseille*,

Sa traite sur nous, suivant sa lettre du 7 courant, au 5 novembre prochain, pour solde de sa facture du 3 courant . . . . F. 2,000

NICOLAS qui, à l'opposé de Pierre, est notre débiteur, nous remet une valeur à 10 jours de vue, sur Bordeaux, en règlement de notre facture du 6 octobre. Il y a par conséquent lieu de le créditer de sa remise, et nous passons l'article suivant. Nous écrivons :

Du 9 octobre 1876

Avoir de NICOLAS, *de Paris*,
Sa remise à 10 jours de vue sur Sainte-Foy, de Bordeaux, pour solde de notre facture du 6 courant. . . . . F. 1,000

Nous achetons sur place 40 caisses d'immortelles, à raison de 30 fr. la caisse, ce qui forme un total de 1,200 fr. Comme nous payons immédiatement BREMOND qui nous les a vendues, il semblerait que nous pussions nous dispenser de l'en créditer ; mais la bonne règle veut que nous passions cette opération comme nous le ferions si nous achetions à terme, et nous l'inscrivons ainsi :

Du 10 octobre 1876

Avoir de BREMOND, *de cette ville*,
Sa facture de ce jour à 40 caisses d'immortelles, à raison de 30 fr. la caisse . . . . F. 1,200

Et immédiatement après nous passons un autre article en ces termes :

Du 10 octobre 1876

Doit BREMOND, *de cette ville*,
Notre paiement de sa facture de ce jour à 40 caisses d'immortelles . . . . F. 1.200

SUCHET, de Lyon, nous écrit de remettre pour son compte à Renard de notre ville, la somme de 500 fr., et pour nous couvrir de cette somme, il nous remet une valeur à vue sur Beaussier, banquier. Nous pourrions, ainsi qu'il est dit dans l'exemple précédent, nous dispenser de débiter Suchet, puisque, en même temps que nous débourserons pour lui la somme de 500 fr., nous toucherons cette même somme qui en formera le solde; mais, pour les raisons déjà données, nous devons passer l'opération comme ci-après. Nous écrivons donc :

——— Du 10 octobre 1876 ———

Doit Suchet *de Lyon*,
Espèces comptées d'après son ordre, ou : suivant sa lettre du.... à Renard de cette ville. . . . . F. 500

Nous passons ensuite un autre article ainsi conçu :

——— Du 10 octobre 1876 ———

Avoir de Suchet, *de Lyon*,
Encaissement de sa remise à vue sur Beaussier, de cette ville . . . . F. 500

Ces quelques exemples que nous multiplierons dans la pratique, suffiront à faire comprendre que toutes les opérations doivent être passées telles qu'elles se présentent, sans aucune exception, si on veut s'épargner des difficultés qu'une longue suite d'articles supprimés ou mal passés peut faire naître. Voilà en quoi consiste toute la théorie de la *partie simple*, si simple, en effet, qu'on ne puisse la saisir dans une première lecture. Il en sera de même pour la *partie double* lorsque nous en aurons fait connaître le mécanisme.

Quant à la rédaction des articles, soit sur le livre Journal exigé par la loi, soit sur les autres livres, on comprend que pour économiser du temps, il faut que cette rédaction soit aussi brève que possible; mais elle doit toujours être claire, précise, et renfermer toutes les indications indispensables pour que l'on puisse, en lisant un article, se rendre immédiatement compte de ce qui en fait l'objet. C'est surtout pour le Journal ou Main-Courante qu'on doit exiger toutes ces qualités, car, pour le Grand-Livre qui en est la reproduction sous une autre forme, on peut, dans beaucoup de cas, celui, par exemple, où c'est le chef de maison lui-même qui le tient, abréger autant qu'on voudra, et ne porter, pour chaque article, que le folio du Journal auquel on pourra toujours recourir, la date, le titre, le folio du compte correspondant, et la somme. Dans d'autres cas cependant, et lorsqu'un compte devra être relevé rapidement avec tous ou presque tous ses détails, il est très-bon que le Grand-Livre contienne toutes les indications du Journal, ce qui dispense de recourir à celui-ci et abrége la besogne du moment.

PARTIE DOUBLE

La *partie double* consiste à personnifier en quelque sorte les objets du commerce ou de l'industrie qu'on exerce, c'est-à-dire à considérer ces objets comme des individus qui donnent ou qui reçoivent, et qui deviennent par conséquent créanciers d'une part et débiteurs d'autre part; en d'autres termes, toutes les fois que l'on détache une partie ou la totalité d'une marchandise ou d'un objet pour le transformer ou lui donner une destination quelconque qui change son état primitif, immédiatement, soit que cette marchandise ou objet soit transformé, vendu ou échangé contre un autre, on recherche quelle autre marchandise, quel autre individu ou quel autre objet en bénéficie, et l'on voit que cette autre marchandise, cet autre individu, cet autre objet doit en être débité. Inversement, celui qui fournit la marchandise ou l'objet, doit être crédité.

Voilà en quelques mots toute la théorie de la *partie double* quant à son mécanisme. Nous allons donner ci-après quelques exemples pour la rendre plus intelligible.

Premier Exemple.

Je m'établis marchand de nouveautés, et pour commencer mon commerce, je vais à Paris et ensuite à Lyon où j'achète différentes marchandises. Ces marchandises me sont vendues par diverses maisons dont j'ai les factures en règle. A mon retour je reconnais que ces factures représentent bien la valeur des marchandises qu'on m'a expédiées ou livrées sur place, et avant d'inscrire sur mon Journal ou Main-Courante cette première opération, je fais le raisonnement suivant, en vertu du principe énoncé :

Je dis : Pierre, Paul, Jacques, de Paris; Guillaume, Bremond, Renard, de Lyon, m'ont expédié ou livré pour cinquante-cinq mille francs de marchandises; je dois par conséquent les créditer et débiter d'autant le compte de marchandises. Je passe donc mon article au Journal ou Main-Courante comme suit. J'écris :

———— Du 6 octobre 1876 ————

Marchandises à divers.

à Pierre, *de Paris*,	
Sa facture du 15 septembre dernier.	5.680f »
à Paul, *de Paris*,	
Sa facture du 18 . . . . . d°	6.759 »
A reporter. . . .	12.439f »

Report.	12.439f »
à Jacques, *de Paris,*	
Sa facture du 20 septembre dernier.	8.500 »
à Guillaume, *de Lyon,*	
Sa facture du 22. . . . . . d°	9.800 »
à Bremond, *de Lyon,*	
Sa facture du 23 . . . . . . d°	7.900 »
à Renard, *de Lyon,*	
Sa facture du 28 . . . . . d°	16.361 »
	55.000f »

Deuxième Exemple.

Pour la somme de 5,680 fr. que je dois à Pierre, de Paris, je souscris un billet à son ordre au 1er décembre; pour la somme de 6,759 fr. que je dois à Paul, de Paris, il a été convenu avec ce dernier qu'il ferait traite sur moi au 15 décembre prochain ; pour la somme de 8,500 fr. que je dois à Jacques, de Paris, il a été également convenu qu'il disposerait sur moi à l'échéance du 31 décembre prochain.

Quant aux sommes que je dois à Guillaume, à Bremond et à Renard, de Lyon, je fais le règlement suivant conformément à ce qui a été convenu entre ces derniers et moi, et je leur remets respectivement les valeurs ci-après :

à Guillaume,	
Mon billet à son ordre au 15 janvier prochain. .	9.800f »
à Bremond,	
Mon billet à son ordre au 31 . . . d°	7.900 »
à Renard,	
Mon billet à son ordre au 15 février prochain. .	16.361 »
	23.061f »

En vertu du principe qui établit que toute chose ou toute personne qui reçoit doit être débitée, et que toute personne ou chose qui fournit doit être créditée, je dis : puisque j'ai crédité PIERRE, PAUL, JACQUES, GUILLAUME, BREMOND, RENARD, du montant des marchandises qu'ils m'ont expédiées ou livrées sur place, je dois maintenant les débiter, chacun pour ce qui le concerne, du montant de leurs traites et de mes remises, et, par contre, je dois créditer celles-ci d'autant. Je passe par conséquent l'article suivant au Journal ou Main-Courante. J'écris :

——— Du 6 octobre 1876 ———

Divers à effets à payer.

PIERRE, *de Paris*,		
Mon billet à son ordre au 1er décembre prochain.	5.680f	»
PAUL, *de Paris*,		
Sa traite sur moi à son ordre au 15 décembre prochain.	6.759	»
JACQUES, *de Paris*,		
Sa traite sur moi à son ordre au 31 décembre prochain.	8.500	»
GUILLAUME, *de Lyon*,		
Mon billet à son ordre au 15 janvier prochain. .	9.800	»
BREMOND, *de Lyon*,		
Mon billet à son ordre au 31 janvier prochain. .	7,900	»
RENARD, *de Lyon*,		
Mon billet à son ordre au 15 février prochain. .	16.361	»
	55.000f	»

TROISIÈME EXEMPLE.

Le 7 octobre 1876, premier jour d'ouverture de mes magasins, j'ai vendu pour la somme de 5,000 fr., se répartissant comme suit :

à Mme LAMBERT,	
Un châle de l'Inde	2.000f »
à Mme GENSE,	
Une pointe en dentelle Chantilly.	1.200 »
à Mme DUPONT,	
Un manteau de velours garni de guipures. . . .	600 »
Au comptant à divers,	
Suivant détail au livre des ventes au comptant. .	1.200 »
	5.000f »

En me reportant au principe, je vois immédiatement que, dans le résultat de ma première journée de vente, cinq comptes sont en jeu : celui des marchandises qui donne ; ceux de Mme LAMBERT, de Mme GENSE, de Mme DUPONT, de la caisse, qui reçoivent. Or, sachant que toute personne, toute chose, tout compte qui reçoit est débiteur, et que toute personne, toute chose, tout compte qui fournit ou donne est créancier, il m'est facile de voir comment je dois rédiger ce premier article concernant mes propres ventes. J'écris donc au Journal ou Main-Courante ce qui suit :

———— Du 7 octobre 1876 ————

Divers à marchandises.

Mme LAMBERT, *de cette ville,*	
Ma facture de ce jour à un châle de l'Inde. . . .	2.000f »
Mme GENSE, *de cette ville,*	
Ma facture de ce jour à une pointe en dentelle Chantilly	1.200 »
Mme DUPONT, *de cette ville,*	
Ma facture de ce jour à un manteau de velours, garni de guipures.	600 »
A reporter. . . .	3.800f »

Report.	3.800f »
CAISSE,	
Ventes à divers, suivant détail au livre des ventes journalières au comptant.	1.200 »
	5.000f »

Les trois exemples qui précèdent devant mettre le lecteur parfaitement au courant de la manière de passer les écritures pour les achats, les ventes, les effets à payer, les recettes et les dépenses, exemples s'appliquant d'ailleurs à toute espèce de commerce ou d'industrie, nous n'y reviendrons que dans la pratique, et nous nous bornerons à indiquer sommairement ici le rôle que remplissent les effets à recevoir dans une comptabilité régulièrement tenue.

QUATRIÈME EXEMPLE.

Le 10 octobre 1876, Mme LAMBERT, Mme GENSE et Mme DUPONT, pour régler ce que je leur ai vendu le 7 du même mois, me remettent : la première, son billet à mon ordre au 31 octobre courant, de 2,000 fr. ; la seconde, une traite passée à mon ordre sur Bonnefoi, de Bordeaux, au 5 novembre prochain, de 1,200 fr. ; la troisième, une traite passée à mon ordre sur Amar, de Lyon, au 10 novembre prochain, de 600 fr., que je remets immédiatement à Beaussier, mon banquier, en compte courant ; et me reportant au principe énoncé, je dis en premier lieu : puisque Mme Lambert, Mme Gense, Mme Dupont me remettent des valeurs négociables, elles doivent en être créditées, et puisque le compte d'effets à recevoir, reçoit ces mêmes valeurs, il doit en être débité ; et, en second lieu, je dis : puisque je remets à Beaussier les effets susdits, il doit en être débité, et le compte d'effets à recevoir qui font l'objet de cette remise, doit en être crédité; je passe en conséquence au Journal ou Main-Courante les deux articles qui suivent. J'écris :

Du 10 octobre 1876

Effets à recevoir à divers.

à Mme LAMBERT,	
Son billet à mon ordre, au 31 octobre courant, pour solde de ma facture du 7 courant.	2.000f »
à Mme GENSE,	
Sa remise d'une traite passée à mon ordre sur Bonnefoi, de Bordeaux, au 5 novembre prochain, pour solde de ma facture du 7 courant. . . .	1.200 »
à Mme DUPONT,	
Sa remise d'une traite passée à mon ordre sur Amar, de Lyon, au 10 novembre prochain, pour solde de ma facture du 7 courant.	600 »
	3.800 »

Passant ensuite à mon opération avec le banquier, j'écris :

Du 10 octobre 1876

Beaussier à effets à recevoir.

ma REMISE *des effets suivants* :	
Billet Lambert, au 31 octobre courant	2.000 »
Traite Gense sur Bonnefoi, de Bordeaux, au 5 novembre prochain.	1.200 »
Traite Dupont, sur Amar, de Lyon, au 10 novembre prochain.	600 »
	3.800 »

En comparant ces deux derniers articles, on voit que le libellé ou détail de l'un, le premier, est plus étendu que celui de l'autre ; cela tient à ce que lorsqu'un objet a été suffisamment expliqué une première fois, on peut ensuite, pour économiser du temps, se borner à n'écrire que quelques indications essentielles, parce que, au besoin, on peut recourir à l'origine de l'objet.

Ce qui précède nous paraissant devoir donner une connaissance assez complète du mécanisme en ertu duquel toutes les difficultés doivent être vaincues, nous nous dispenserons de parler ici des escomptes, rabais, frais, commissions, etc., dont on se rendra compte par les articles de la pratique de notre ouvrage où quelques exemples sont fournis. Il en est de même pour la centralisation et la subdivision des comptes que chacun peut adopter suivant la nature de ses opérations, Par ces mots centralisation et subdivision on doit entendre l'opération qui consiste d'abord à ne former qu'un seul compte de plusieurs, c'est-à-dire à n'en ouvrir qu'un seul pour les actions et obligations, par exemple ; et ensuite, si, supposons, il s'agit de marchandises de diverses natures, à leur ouvrir un compte particulier à chacune, au lieu de les confondre dans un seul.

Quant aux avantages de la *partie double* sur la *partie simple*, ils sont incontestables, abstraction faite de la longueur, car la *partie double* est sensiblement plus longue que la *partie simple* ; mais quelle compensation n'y trouve-t-on pas lorsque, par exemple, on est obligé, soit dans une liquidation, soit dans une faillite, soit enfin dans un litige ou règlement de comptes, de remonter à des opérations anciennes et nombreuses !

Comme on l'a vu déjà, la *partie simple* diffère de la *partie double* en ce que dans l'une, la première, quelle que soit l'opération qu'on inscrit, il n'y a jamais qu'un compte dont il est fait mention ; ainsi, je vends à Pierre et je dis, comme dans les exemples déjà fournis, DOIT Pierre ; j'achète à Pierre, et je dis : AVOIR de Pierre : je paie Pierre, et je dis : DOIT Pierre ; Pierre me paie et je dis : AVOIR de Pierre.

Dans la *partie double*, au contraire, il y a toujours au moins deux comptes et quelquefois dix, vingt, cent mentionnés dans un même article et qui se balancent constamment l'un par l'autre ; d'où il résulte que la somme des débits est invariablement égale à celle des crédits, ainsi que cela se trouve démontré par les quelques exemples que nous avons cru devoir introduire dans notre théorie pour la rendre plus claire.

Etant donc bien entendu que les articles, quelle que soit leur importance ou leur nature, doivent toujours se balancer, on ne saurait inscrire un achat quelconque sans chercher quel est ou quels sont les comptes au crédit ou au débit desquels cet achat doit s'appliquer, et réciproquement, on ne saurait faire une vente, un paiement, une négociation, etc., sans chercher quel sera ou quels seront les comptes qui devront être débités ou crédités.

Chaque article a donc, sans exception aucune, sa contre-partie, ce qui rend les erreurs et les omissions presque impossibles, et les fait cesser promptement par le contrôle que fournit la balance des comptes, balance que l'on doit faire aussi souvent qu'on pourra, pour s'assurer de la régularité des écritures. On a par ce moyen constamment sous les yeux la situation de tous les comptes et notamment du compte de caisse au registre appelé Grand-Livre, qui doit toujours présenter le même solde que le livre spécial de caisse qu'il contrôle par conséquent.

CHAPITRE II

Du Grand-Livre. — De la balance de vérification. — Du pointage. — Du compte de marchandises. — Du compte de caisse. — Du compte d'effets à recevoir. — Du compte d'effets à payer. — Du compte de frais généraux. — Du compte de profits et pertes. — Du compte de capital. — De l'inventaire ou bilan. — Du livre de défalcation.

Du Grand-Livre. — Le Grand-Livre est, comme on le verra mieux dans la pratique, une reproduction plus ou moins abrégée du Journal ou Main-Courante, par ordre de comptes, lesquels étant amalgamés dans ce dernier, on ne pourrait, sur celui-ci, dresser rapidement une situation générale ou particulière s'il s'agissait surtout d'une longue suite d'opérations. On doit entendre par situation générale celle qui concerne ou renferme toutes les affaires d'un négociant, marchand, banquier, industriel, etc., et par situation particulière, celle qui n'a trait qu'à un ou plusieurs comptes partiels. Mais, dans les deux cas, la prudence veut, qu'au préalable, la balance dont nous allons parler soit faite.

De la balance de vérification. — La balance de vérification a pour but de s'assurer que les articles passés au Journal ou Main-Courante ont été exactement reportés au Grand-Livre, et, après avoir relevé sur celui-ci tous les totaux des débits et des crédits, en d'autres termes du DOIT et de l'AVOIR, on devra trouver, en comparant ces totaux entre eux, qu'ils sont parfaitement conformes, et, en outre, que chacun d'eux est absolument semblable au total de tous les articles du Journal ou Main-Courante, ce qui indiquera que rien n'a été omis dans les reports de celui-ci au Grand-Livre. La balance est par conséquent, nous ne saurions trop le répéter, la première chose que l'on doit faire pour avoir une situation générale ou partielle exacte, indépendamment de l'inventaire des marchandises, matériels, etc., dont nous parlerons plus loin.

Du pointage. — La balance elle-même, devra, pour plus de sûreté, être précédée d'un pointage, opération qui consiste à voir l'un après l'autre les articles du Journal ou Main-Courante, et à s'assurer qu'ils ont été exactement reportés au Grand-Livre, non-seulement comme sommes et comme dates, mais encore aux comptes qui les concernent, attendu qu'il arrive quelquefois que dans ces reports on porte une somme à un compte tandis qu'elle appartient à un autre compte, mais cependant du côté qui lui est propre. Il en résulte que cela n'altère pas, en apparence du moins, la balance qu'on cherche, puisque, pour que celle-ci soit juste, il suffit que le total des débits cadre ou soit conforme avec celui des crédits.

De semblables erreurs changent par conséquent la situation de deux comptes, car, si, par exemple, on a porté au débit de Pierre ce que l'on devait porter au débit de Jacques, Pierre sera censé devoir une somme qu'il ne devra réellement pas, et Jacques sera censé ne pas la devoir, tandis qu'il la devra. D'où la conséquence fâcheuse et quelquefois onéreuse de négliger de réclamer à Jacques ce que, par erreur, on aura porté au compte de Pierre, et de la réclamer à ce dernier qui pourra s'en formaliser et suspecter notre bonne foi. Il en serait de même, si on avait porté au crédit de l'un, ce qui devait l'être au crédit de l'autre.

Le pointage se fait souvent par deux personnes dont l'une appelle les articles du Journal ou Main-Courante, et l'autre, qui tient le Grand-Livre, s'assure à mesure, que ces articles figurent bien sur celui-ci à leurs comptes respectifs, après quoi chacun fait un point aussi apparent et aussi régulier que possible, en regard de chaque somme, sur les deux livres, ce qui permet de voir immédiatement où on en est resté de ce travail, lorsqu'on doit pointer les articles suivants.

Du compte de marchandises. — Ce compte, ainsi que son titre l'indique, doit comprendre à son DÉBIT tous les achats quels qu'ils soient de marchandises, et à son CRÉDIT toutes les ventes de ces mêmes marchandises.

On peut le subdiviser en autant de comptes partiels qu'on voudra.

Dans un inventaire il figure *à nouveau* pour la somme des marchandises existant en magasin qu'on doit ajouter au montant des ventes, et suivant que la somme totale du crédit est supérieure ou inférieure à celle du débit, il y a bénéfice ou perte sur ce compte.

Il y a bénéfice lorsque, par exemple, les achats s'élèvent à 50,000 fr., les ventes à 35,000 fr., et les marchandises en magasin ou non encore vendues, à 18,000 fr. En additionnant ces deux dernières sommes on obtient un total de 53,000 fr. ce qui accuse un bénéfice de 3,000 fr. pour lequel on passe un article ainsi conçu :

Marchandises à profits et pertes.
Bénéfice sur le premier de ces deux comptes. . F. 3,000

Si au lieu de bénéfice on trouvait une perte de la même importance parce que le montant des achats serait de 53,000 fr. et celui des ventes et marchandises en magasin ou non vendues, de 50,000 fr. seulement, il faudrait dire :

Profits et pertes à marchandises ;
Perte sur le dernier de ces deux comptes . . . . F. 3,000

Ce qui précède est applicable aux actions, obligations, meubles, immeubles, etc., et même aux comptes de personnes d'une solvabilité douteuse ou ne laissant aucun espoir de recouvrement.

Du compte de caisse. — Ce compte comprend à son DÉBIT toutes les sommes qu'on reçoit, et à son CRÉDIT toutes celles qu'on paie. On le solde à nouveau par la différence entre le montant du débit et celui du crédit qu'on appelle *solde en caisse.*

Du compte d'effets à recevoir. — Le compte d'effets à recevoir comprend à son DÉBIT tous les effets qu'on nous remet à un titre quelconque, ainsi que toutes les traites que nous formons ; et à son CRÉDIT, tous ceux que nous remettons soit en paiement, soit en négociation, etc. Il solde *à nouveau* par le montant de ceux qui restent en portefeuille, et s'il n'y en a point, le total des sommes du débit doit être exactement semblable à celui des sommes du crédit, et solder par conséquent sans *reste*.

Du compte d'effets à payer. — Ce compte comprend à son CRÉDIT tous les billets ou obligations que nous souscrivons, ainsi que toutes les traites qu'on fournit sur nous; et à son DÉBIT, tous les paiements que nous faisons pour ces mêmes billets, obligations, ou traites. On le solde à nouveau par le montant des *effets en circulation*, et s'il n'y en a point, il solde sans reste, et, dans ce cas, comme pour les effets à recevoir, le total des sommes du débit doit être identique à celui des sommes du crédit.

Du compte de frais généraux. — Le compte de frais généraux comprend à son DÉBIT tous les frais de commerce et autres, et à son CRÉDIT tous ceux qui nous sont remboursés. On le solde par le compte de *profits et pertes*. On peut le subdiviser en autant de comptes partiels qu'on voudra suivant la convenance de chacun.

Du compte de profits et pertes. — Ce compte comprend à son DÉBIT tous les escomptes et rabais que nous faisons sur nos factures, les commissions, les dépréciations subies par les marchandises, par les meubles, par les immeubles, etc., et à son CRÉDIT toutes les commissions qu'on nous compte, tous les rabais qu'on nous fait, toutes les plus-values, etc. Il comprend aussi, à l'époque où nous faisons notre inventaire, soit au DÉBIT soit au CRÉDIT, suivant qu'il y a perte ou bénéfice, le solde de tous les comptes susceptibles de donner de la perte ou du bénéfice. On le solde ensuite par le compte de *capital* qu'il diminue ou augmente d'autant suivant que le débit du dit compte de profits et pertes est supérieur ou inférieur au crédit du même compte.

Du compte de capital. — Le compte de capital est celui où viennent aboutir, en vertu de ce qui précède, tous les autres comptes. Par conséquent, notre bilan ou inventaire étant dressé, si nous voyons que le montant de notre ACTIF est supérieur à celui de notre PASSIF, la différence représente ce que nous possédons; si notre ACTIF est égal à notre PASSIF, nous ne possédons rien, mais nous ne devons rien non plus; si le montant de notre PASSIF est supérieur à celui de notre ACTIF, nous sommes, comme cela se dit communément, *au-dessous de nos affaires,* et la moindre crise peut, suivant l'importance de notre déficit, nous forcer à suspendre ou cesser nos paiements, et nous mettre en état de faillite.

On comprendra, par ces dernières lignes, quel intérêt a un négociant, marchand, banquier, industriel, etc., à avoir constamment ses écritures à jour pour pouvoir connaître sa position et apporter dans la marche de ses opérations tels remèdes ou modifications qu'il jugera opportuns.

De l'inventaire ou bilan. — L'inventaire d'un négociant, marchand, banquier, industriel, commissionnaire, etc., n'est autre chose que l'état détaillé de tout ce qu'il possède en marchandises, en espèces, en meubles, en immeubles, en matériel, etc.; et de tout ce qu'il doit, à n'importe quel titre.

L'inventaire est par conséquent un travail indispensable lorsque l'on veut connaître exactement sa situation quant aux objets indépendants de la tenue des livres et susceptibles, suivant les circonstances, d'une plus-value, ou d'une moins-value, selon qu'il y a augmentation de prix au moment de l'inventaire, ou diminution, détérioration, etc.

Lorsque l'inventaire est terminé, si l'on voit, ainsi que nous en avons déjà dit un mot dans notre article ayant pour titre : « du compte de capital » ; si l'on voit, disons-nous, que ce qu'on possède est d'une valeur supérieure à ce que l'on doit, la différence est ce que l'on désigne sous le nom de *capital;* si, au contraire, ce que l'on doit excède le montant de ce qui est dû, en d'autres termes, si le PASSIF excède l'ACTIF, le compte de capital n'a plus de raison d'être, car la somme qui figurait au crédit de ce compte comme représentant notre fortune ou *avoir liquide,* est absorbée et au-delà par les pertes survenues, et nous sommes en *déficit,* c'est-à-dire nous devons plus qu'on ne nous doit.

L'inventaire est, nous le répétons, au risque d'être accusé de nous complaire dans des redites superflues, une chose de première utilité pour les personnes qui ont de plus ou moins grandes quantités de marchandises sujettes à des dépréciations ou déchets importants, lorsque surtout ces personnes ne peuvent pas déterminer leur situation par des moyens plus abrégés, si, au préalable, elles n'ont pas pris note, au fur et à mesure des ventes, des bénéfices ou pertes que tels et tels articles ont pu donner. On comprendra sans difficulté que si un pareil travail avait été fait, en déduisant des marchandises achetées celles qu'on aurait vendues, sans comprendre dans ces dernières les BÉNÉFICES ou les PERTES qu'elles auraient donnés, la *différence* serait juste le montant des marchandises en magasin, et par conséquent on pourrait rigoureusement se dispenser d'en faire l'inventaire, en se bornant à ne leur appliquer que des dépréciations ou des plus-values en bloc; mais la prudence veut que dans la majorité des cas on ne recule pas devant un travail plus complet et plus sûr.

Ceci nous amène à parler d'un livre que nous n'avions d'abord pas l'intention de faire entrer dans le cadre de cet ouvrage. Ce livre appelé *Livre de Défalcation* est usité dans les maisons qui veulent se rendre compte de la manière dont une marchandise a été vendue ou transformée. Il est divisé par cases numérotées et dont les numéros correspondent avec ceux des objets qui s'y trouvent inscrits. Au fur et à mesure des ventes ou transformations, on porte dans la case affectée à l'objet ou marchandise, par ordre de dates si on le juge nécessaire, tout ce qui est sorti, et si on a bien opéré, on devra, en faisant l'inventaire, retrouver exactement la différence entre l'achat et la vente ou la transformation, et s'il en était autrement, on aurait, sauf vérification, la preuve de quelque infidélité ou soustraction, ou, en d'autres termes, la marchandise ou l'objet aurait disparu sans que l'on pût en constater l'emploi.

CHAPITRE III

Des comptes courants simples. — Des comptes courants et d'intérêts. — Des articles à contre-passer. — Des échéances ou valeurs communes. — Des retours. — Du compte de balance de sortie et d'entrée. — Des comptes de vente.

Des comptes courants simples. — Un compte courant que nous appelons simple à cause de sa différence avec le compte courant et d'intérêts, n'est autre chose, comme nous l'avons vu déjà, que le report au Grand-Livre ou sur un livre spécial affecté quelquefois à ces comptes, des divers articles du Journal ou Main-Courante, chacun au compte qui le concerne, et venant se grouper sur une seule ou plusieurs pages d'où on les extrait quand il s'agit d'en remettre le relevé. On a, par ce moyen, constamment sous les yeux la situation d'un compte si on a soin de le tenir sans cesse à jour, et, en outre, l'avantage de pouvoir le remettre immédiatement, ce qui n'aurait pas lieu si on était obligé d'en extraire tous les articles du Journal ou Main-Courante, outre les erreurs et les omissions que ce travail fait ainsi peut occasionner. On voit ici une fois de plus combien il est essentiel de n'avoir jamais de retard dans les écritures, et les conséquences qui peuvent en résulter pour des négociants, marchands, etc., lorsque, par le fait d'un personnel insuffisant, ou par pure négligence, ils sont obligés de fouiller dans le Journal ou Main-Courante pour délivrer un compte pressé, et dont ils peuvent ainsi moins affirmer l'exactitude.

Du compte courant et d'intérêts. — Le compte courant et d'intérêts diffère seulement du compte courant simple, par les intérêts, à un taux convenu, qu'on porte en regard de chaque somme, soit au DÉBIT, soit au CRÉDIT. Ces intérêts partent, sauf conventions particulières, du jour où une somme a été payée ou reçue jusqu'au jour de son règlement définitif. Ainsi, par exemple, nous avons payé à Michel ou à un autre pour son compte, une somme quelconque le 15 janvier ; cette somme ne nous étant remboursée que le 30 du même mois, Michel nous devra 15 jours d'intérêts, c'est-à-dire à partir du 15 jusqu'au 30 janvier. Nous n'avons pas besoin de dire que l'inverse aura lieu lorsque Michel sera notre *créancier* au lieu d'être notre *débiteur*, et nous aurons ainsi sur toute la durée d'un compte, se composant de plus ou moins d'articles au DÉBIT et au CRÉDIT, une suite de valeurs ou échéances auxquelles il faudra appliquer les intérêts en question, soit en portant ceux-ci au fur et à mesure lorsqu'on voudra régler et déterminer une somme en principal et intérêts, soit en attendant l'époque du règlement définitif d'un compte, et, dans ce cas, voici comment on procède :

Supposons que nous ayons ouvert un compte à Pierre pour un seul genre ou pour plusieurs genres d'opérations que nous sommes appelés à faire avec lui. A une époque déterminée d'avance ou ultérieurement, nous voulons ou Pierre veut régler son compte avec nous, et en examinant l'un après l'autre tous les articles de ce compte, nous voyons qu'à telles *échéances* ou *valeurs* — ces deux mots sont ici synonymes — nous étions débiteurs de Pierre, et qu'à telles autres nous en étions, au contraire, créanciers. S'il s'agit, en premier lieu, de 3,000 fr. dus par nous à Pierre, à l'échéance du 31 janvier, nous disons, si nous voulons arrêter son compte au 31 mars suivant : du 31 janvier au 31 mars, le mois de février étant de 28 jours, cela fait 59 jours que nous portons en regard de l'échéance et que nous multiplions ensuite par 3,000. Nous trouvons 177,000 nombres que nous portons en regard. S'agit-il, en second lieu, d'une somme de 5,000 fr. que Pierre nous doit ? En procédant de la même manière que ci-dessus, si l'échéance ou valeur de cette dernière somme est au 28 février, nous disons : du 28 février au 31 mars, époque de l'arrêté du compte, cela fait 31 jours ; par conséquent 5,000 fr. multipliés par 31 jours, donnent 155,000 nombres.

En continuant ainsi pour tous les articles du compte, et après avoir additionné nos nombres de part et d'autre, si nous trouvons, par exemple, que le total de ceux du CRÉDIT est de 500,000 et que celui du DÉBIT n'est que de 400,000, nous voyons que nous devons à Pierre 100,000 nombres que nous multiplions par 5 si c'est le taux de l'intérêt convenu ; nous divisons ensuite le produit 500,000 par 365 ou 366 jours dont se compose l'année selon qu'elle est ou n'est pas bissextile, et nous obtenons 13 fr. 70 c. ou $\frac{1370}{100}$ pour la première, et 13 fr. 66 c. $\frac{1366}{100}$ pour la seconde. Nous avons ainsi l'intérêt cherché que nous portons au CRÉDIT du compte de Pierre, et que nous porterions à son DÉBIT si la même balance ou différence des nombres était en notre faveur. Si le taux de l'intérêt était plus haut ou plus bas que 5 pour cent, on précéderait de la même façon pour le calcul.

Beaucoup de personnes, dans le but d'abréger et simplifier les calculs, ont adopté un système qui consiste à considérer l'année comme étant de 360 jours, et par suite tous les mois comme étant de 30 jours, et les font par conséquent figurer comme tels dans leurs comptes. Dans ce cas il suffit de diviser 360 jours par le taux de l'intérêt, et ensuite les nombres par le premier quotient obtenu, ce qui donne lieu à un nouveau quotient qui est l'intérêt cherché. S'agit-il, par exemple, de déterminer l'intérêt de 50,000 nombres aux taux de 6 pour cent l'an? En nous reportant à ce qui vient d'être dit, nous divisons 360 par 6 et nous obtenons 60 pour quotient, par lequel nous divisons nos nombres, et nous obtenons le quotient 8 fr. 33 c. ou $\frac{833}{100}$ qui représente l'intérêt cherché.

Il arrive quelquefois que lorsque l'on dresse un compte courant et d'intérêts suivant la méthode que nous venons d'indiquer, l'échéance ou valeur d'une ou de plusieurs sommes est à une date postérieure à celle de l'arrêté du compte, ce qui donne lieu à des nombres *rouges* que l'on écrit en effet à l'encre rouge dans la même colonne que les autres nombres et en regard de l'article qui les concerne. S'agit-il, par exemple, d'une somme de

1,000 fr. qui est à l'échéance du 31 janvier, tandis que nous arrêtons notre compte au 31 décembre de l'année qui la précède ? Nous disons : puisque la valeur du solde de notre compte est à une date antérieure d'un mois à celle de notre échéance, il y a lieu de tenir compte de ce mois d'intérêts à écouler, et nous reportant aux nombres rouges que nous avons obtenus en multipliant 1,000 par 31, nous voyons que ces nombres s'élèvent à 31,000 que nous portons à l'encre noire du côté qui leur est opposé, c'est-à-dire au débit s'ils sont au crédit, et au crédit s'ils sont au débit. La compensation étant ainsi faite, nous ajoutons aux autres nombres les nombres rouges du débit ou du crédit suivant le cas, ou du débit et du crédit, si ces derniers figurent des deux côtés du compte comme cela arrive quelquefois, ou si on le préfère, la balance de ceux-ci, en portant cette balance à l'encre noire du côté le plus faible des nombres rouges. Il faut remarquer que les nombres rouges ne doivent pas être additionnés avec les autres du côté où ils se produisent, puisqu'ils ne sont portés de ce côté que pour indiquer qu'ils existent, et qu'on doit les porter à l'encre noire du côté opposé pour être additionnés avec les nombres ordinaires, avant de faire la balance de ces derniers, sur laquelle porteront les intérêts qu'on nous devra ou que nous devrons. Si cette balance est, par exemple, de 50,000 nombres, et que le taux de l'intérêt soit de 5 %, nous en ferons le calcul déjà expliqué, et porterons le résultat dans la colonne des capitaux, qui sera additionné avec ceux-ci du côté du compte opposé à la balance des nombres ordinaires, en indiquant ceux-ci en regard de la somme d'intérêts qu'ils auront produite.

Nous ferons ensuite l'addition des capitaux ou sommes de chaque côté du compte, c'est-à-dire du débit et du crédit, et la différence entre les deux totaux constituera la balance qui sera le *solde à nouveau*, et notre compte sera terminé.

Il existe une autre méthode que celle que nous venons d'indiquer aussi succinctement que possible, et qui est surtout employée par les banquiers, lorsqu'ils ne préfèrent pas supprimer les nombres et porter immédiatement en regard de chaque somme, de son échéance ou valeur et des jours, le montant de l'intérêt qui la concerne. Cette méthode, dite nouvelle, parce qu'en effet, elle est plus récente que l'autre, permet de ne pas attendre l'époque du règlement ou paiement d'un compte pour en préparer le calcul des intérêts au fur et à mesure que l'on passe les articles. Si, par exemple, nous avons ouvert un compte à Simon, et qu'au débit de ce compte, nous ayons porté 5,000 fr., puis 3,000 fr., puis encore 2,000 fr., l'échéance ou valeur de la première somme, étant au 1er janvier, celle de la seconde au 1er février, celle de la troisième au 1er mars; qu'au crédit du même compte nous ayons 6,000 fr. à l'échéance du 5 mars et 5,000 fr. à celle du 5 avril; en nous reportant à ce qui a été dit déjà sur la différence des deux méthodes, nous voyons quelle est sur notre compte l'échéance la plus ancienne, et adoptant un raisonnement contraire à celui que nous avons tenu pour l'ancienne méthode, nous disons : au 1er janvier qui est le point de départ du compte et qu'on est convenu de désigner sous le nom d'*époque* (mot qu'on écrit en regard de l'article en tête, et dans la colonne affectée aux échéances ou valeurs), il ne nous est pas dû d'intérêts sur les 5,000 fr. concernant ce premier article; il ne nous en est pas dû non plus du 1er janvier au 1er février sur la somme de 3,000 fr., ainsi que sur celle de 2,000 fr. à l'échéance du 1er mars. Inversement, nous disons, en prenant toujours pour point de départ l'époque, et passant aux articles du crédit: nous ne devons pas d'intérêts du 1er janvier au 1er mars sur la somme de 6,000 fr., ni du 1er janvier au 5 avril sur celle de 5,000 fr.; et passant successivement de l'un à l'autre de ces articles, nous cherchons quels sont les jours écoulés depuis l'époque jusqu'à l'échéance de chacun d'eux, jours que nous portons en regard pour calculer et déterminer ensuite les nombres comme dans la méthode précédente, excepté pour l'époque qui est le point de départ, comme dans la méthode ancienne, la date de la clôture du compte est le point d'arrivée. Par conséquent, ni à l'une, ni à l'autre de ces époques, on ne saurait appliquer des nombres.

Les nombres étant donc trouvés pour chaque article, avant d'en faire l'addition, nous faisons de part et d'autre, c'est-à-dire au débit et au crédit, celle des sommes ou capitaux, et après avoir soustrait le plus petit total du plus grand, nous portons la différence du côté le plus faible en dedans de la colonne des sommes ou capitaux, et nous multiplions cette différence par le nombre de jours écoulés depuis l'époque jusqu'à la date de l'arrêté du compte, ce qui produit des nombres que nous portons en regard dans la colonne de ceux-ci. Ensuite, additionnant les nombres du débit et du crédit, et puis soustrayant les totaux de ces nombres l'un de l'autre, nous voyons que pour les faire cadrer ou les rendre égaux, il faut que nous portions, par exemple, 20,000 nombres au débit ou au crédit, et nous calculons que ces 20,000 nombres nous donnent un intérêt à 5 °/₀ de 2 fr. 75, que nous portons en regard dans la colonne des sommes ou capitaux. Après quoi, additionnant des deux côtés du compte les nombres dont les totaux devront cadrer, et les sommes ou capitaux, en y comprenant l'intérêt, commissions, ports de lettres, etc., s'il y a lieu, la différence entre les deux totaux du débit et du crédit, formera le *solde* exact de notre compte qui sera par conséquent terminé.

Il arrive aussi quelquefois que les sommes du crédit d'un compte doivent porter intérêt à 5 °/₀, et celles du crédit à 6 °/₀ ; ou celles du crédit à 5 °/₀, et celles du débit à 6 °/₀. Dans ce cas, il faut faire séparément le calcul des intérêts et porter ceux-ci chacun du côté qui le concerne, au lieu de faire la balance des nombres, attendu que si on calculait l'intérêt sur cette balance, on formerait une égalité qui fausserait le résultat qu'on se propose en pareille circonstance.

Un autre cas peut encore se produire : c'est lorsqu'on est convenu que suivant que la balance des nombres sera en faveur de l'un ou de l'autre des contractants, les intérêts seront calculés à un taux plus ou moins élevé ; on devra alors, après avoir fait la balance des nombres, appliquer à ceux-ci l'intérêt convenu.

Nota. — Quoique dans la nouvelle méthode les nombres rouges soient plus rares, il arrive cependant qu'ils se produisent lorsque, dans une suite d'articles, il y en a un ou plusieurs dont la valeur ou échéance est antérieure à l'époque ou point de départ qu'on ne peut changer, puisque les calculs sont déjà faits. Par conséquent, comme dans la méthode dite ancienne, ces nombres rouges doivent être portés à l'encre noire du côté opposé à celui où ils se produisent et additionnés avec les nombres ordinaires.

Des articles à contre-passer. — Lorsque par distraction ou parce qu'on a mal interprêté une opération, ou mal passé un article la concernant, c'est-à-dire qu'au lieu de l'avoir fait figurer à un compte, on l'a fait figurer à un autre compte; par exemple, si on a porté au compte d'effets à recevoir une somme concernant les effets à payer; ou qu'on ait porté au débit du compte de Pierre ce qui devait l'être au débit du compte de Paul, il y a lieu de rectifier les erreurs commises, cela s'appelle contre-passer un article ou des articles. Si, supposé, en remettant à Pierre une valeur sur Bordeaux, nous avons écrit au Journal : PIERRE *à Effets à payer* au lieu de : PIERRE *à Effets à recevoir*, nous devrons, pour ne pas gratter, ni effacer, ni surcharger l'article erroné, ce qui n'est pas licite, passer un autre article et écrire : *Effets à payer à Effets à recevoir*, pour autant porté indûment, ou *par erreur* au crédit du premier de ces deux comptes à la date du.... . notre remise sur Bordeaux, etc. Dans le second cas, nous écrirons : *Paul à Pierre*, autant porté par erreur au débit du dernier de ces deux comptes à la date du.... pour.... etc.

Lorsque de pareilles irrégularités existeront seulement au Grand-Livre, on pourra sans inconvénient gratter les sommes qui les concerneront, et les porter où il faudra qu'elles soient, parce que le Journal ne présentant aucune trace d'altération, constatera que c'est à bon escient que ces grattages ont eu lieu.

Des échéances ou valeurs communes. — Une échéance ou valeur commune est celle qu'on établit entre plusieurs échéances ou valeurs particulières pour n'en former qu'une seule. Si, par exemple, Pierre nous doit : 1,000 fr. à l'échéance du 5 janvier, 2,000 fr. à l'échéance du 5 février, 3,000 fr. à l'échéance du 5 mars; nous cherchons d'abord le nombre de jours écoulés entre la première et les deux autres échéances ci-dessus, et nous trouvons que du 5 janvier au 5 février il y a 31 jours, et que du 5 janvier au 5 mars, il y a, en supposant le mois de février comme étant de 28 jours, il y a disons-nous 59 jours.

Ces jours ainsi trouvés, nous les portons à la suite et en regard de leurs sommes et échéances respectives; puis, comme nous l'avons fait pour les comptes courants et d'intérêts, nous multiplions successivement (sauf la première qui est l'époque et qui ne doit par conséquent avoir ni jours ni nombres), nous multiplions les sommes par le nombre de jours qui les concernent, et nous trouvons que 2,000 fr. multipliés par 31 jours produisent 62,000 nombres, et que 3,000 fr. multipliés par 59 jours, produisent 177,000 nombres. Nous faisons l'addition de ces nombres et nous trouvons pour total 239,000 nombres que nous divisons par le total des trois sommes, c'est-à-dire par 6,000 ce qui nous donne un quotient de 31 jours. Ensuite, en partant du 5 janvier, c'est-à-dire de l'époque, nous calculons à quelle date nous mènent ces 31 jours, et nous voyons que c'est à celle du 5 février qui est l'échéance commune ou moyenne cherchée, et par conséquent celle d'où partent les intérêts à un taux quelconque pour les 6,000 francs.

Des retours. — Lorsqu'une traite formée par nous, ou une remise qui nous a été faite et que nous avons négociée nous revient impayée, soit que nous la remboursions immédiatement, soit que la personne à laquelle nous l'avons cédée ou négociée la passe en compte courant à notre DÉBIT, nous devons en débiter le tiré s'il s'agit de notre propre traite, ou le cédant s'il s'agit d'une valeur que celui-ci nous avait remise à un titre quelconque, en ajoutant à la somme principale tous les frais de protêt et autres que le défaut de paiement a occasionnés, et CRÉDITER par contre d'autant la personne ou le compte atteint par le dit retour.

Du compte de balance de sortie et d'entrée. — Lorsqu'un Grand-Livre se trouve rempli et qu'il s'agit de le remplacer par un autre qui en formera la suite, ou lorsqu'on veut arrêter tous les comptes pour ne faire figurer *à nouveau* que les différences entre les DÉBITS et les CRÉDITS, il faut, après avoir fait la balance générale et s'être assuré de son exactitude, passer au Journal ou Main-Courante, quatre articles dont le premier aura pour titre : *Divers à Balance de sortie*, le second : *Balance de sortie à divers*, le troisième : *Divers à Balance d'entrée*, et le quatrième : *Balance d'entrée à divers*. On aura par ce moyen au Livre Journal ou Main-Courante, les éléments indispensables soit pour fermer tous les comptes sur le Grand-Livre qu'on veut mettre de côté pour n'y plus recourir que dans certains cas particuliers, soit pour les ouvrir sur un autre livre. La pratique d'ailleurs simplifiera ce que nous venons d'exposer ici. Nous ajouterons seulement que les comptes de balance quels qu'ils soient doivent constamment se solder, et par conséquent présenter toujours le même total au DÉBIT et au CRÉDIT.

Des comptes de vente. — On appelle compte de vente celui qui a pour but de faire connaître le résultat obtenu d'une marchandise ou valeur qui nous a été expédiée ou déposée pour être vendue pour le compte d'une personne ou d'une société quelconque. Ainsi, par exemple, Nicolas, de Marseille nous a expédié 500 balles de farine dont nous ne l'avons pas CRÉDITÉ puisque c'était d'abord à titre de dépôt que nous en étions détenteurs. Nous nous sommes par conséquent bornés à les inscrire sur un livre spécial avec toutes les indications voulues en pareil cas. La vente de cette marchandise ayant été effectuée par nos soins, nous en créditons Nicolas, après avoir déduit de la somme qu'elle a produite, tous nos frais, l'intérêt de nos avances s'il y a lieu, commission, courtage, etc. dont nous faisons une valeur commune qui sera celle que nous devrons appliquer à la somme nette qui sera due à Nicolas. Le contraire de ce qui précède aurait lieu si c'était nous qui eussions expédié à Nicolas aux mêmes conditions ; c'est-à-dire que nous le DÉBITERIONS du montant de notre envoi moins ses frais, intérêts, commissions, courtage, etc.

CHAPITRE IV

Des virements. — Des comptes en participation. — De la traite ou mandat et du billet à ordre. — Du livre d'enregistrement des effets à recevoir. — Du livre d'enregistrement des factures reçues. — Du livre ou carnet d'échéances. — Du livre de caisse. — Du livre de correspondance. — Du livre des comptes courants. — Du livre des débits.

Des virements. — On appelle *virement* l'opération qui consiste à transporter une somme d'un compte à un autre compte. Ainsi, nous avons avec Pierre un compte de marchandises et un compte de commission. Dans l'un nous faisons entrer toutes les sommes concernant les marchandises que nous lui expédions ou qu'il nous expédie ; dans l'autre, toutes les sommes relatives aux commissions que nous lui devons ou qu'il nous doit pour ventes ou autres opérations qu'il fait pour notre compte ou que nous faisons pour le sien. A un moment donné, il convient à Pierre que nous passions une ou plusieurs sommes qui figurent au compte de commissions, à celui de marchandises, et, nous conformant à son désir, nous passons l'article suivant avec tous les détails qu'il comporte. Nous écrivons au Journal ou Main-Courante : Pierre (compte de marchandises) à Pierre, ou : *à lui-même* (compte de commissions), pour virement d'un compte à l'autre..... etc.

La même opération aurait lieu (il est presque superflu de le dire), si c'était nous qui manisfestassions le même désir vis-à-vis de Pierre, en ayant soin d'appliquer le principe quant au compte débiteur et créancier qu'on ne doit jamais perdre de vue.

Des comptes en participation. — Ces comptes sont ceux que nous ouvrons pour une marchandise ou affaire pour laquelle deux ou un plus grand nombre de personnes conviennent, soit verbalement, soit par écrit, d'y participer pour une somme déterminée dans les avances de fonds ou autres qu'elle comportera, et dans les bénifices et les pertes qu'elle devra donner.

Lorsqu'une semblable affaire est terminée, on répartit les bénéfices réalisés ou les pertes subies proportionnellement à la part qu'y a prise chacun des intéressés que l'on *débite* ou *crédite* suivant qu'il y a perte ou bénéfice.

De la traite ou mandat et du billet à ordre. — Les personnes qui ignorent la différence qui existe entre ces deux valeurs, confondent souvent l'une avec l'autre, et appellent *traite* ce qui est un *billet*, et *billet* ce qui est une *traite*. C'est pour leur faire éviter cette méprise qui nuirait à la bonne rédaction des articles, que nous jugeons à propos d'en dire un mot ici.

La traite ou mandat est une valeur que nous formons et que nous remettons à un titre quelconque, c'est-à-dire en paiement, en négociation, en compte courant, etc. Le billet, au contraire, est une valeur que nous souscrivons en faveur de quelqu'un pour être payée par nous à son échéance.

Dans le premier cas on dit : *payez à l'ordre* ou : *à mon ordre*, et dans le second cas, on dit : *nous paierons à l'ordre*.

Comme on le voit, l'une est une valeur ACTIVE, et l'autre est une valeur PASSIVE ; d'où il résulte qu'en les confondant on se trompe du tout au tout.

Du livre d'enregistrement des effets à recevoir. — Ce livre qui est surtout usité chez les banquiers, pour lesquels la négociation des valeurs de commerce et autres est presque une spécialité, n'est pas moins nécessaire aux maisons susceptibles de créer ou de recevoir de ces sortes de valeurs. Nous ne le décrirons pas ici, parce que généralement on peut se le procurer tout imprimé avec le tracé et les indications qu'il comporte. Nous nous bornerons par conséquent à dire qu'il a pour but l'enregistrement, par ordre de numéros et de dates, de toutes les valeurs de portefeuille que nous formons sur nos correspondants ou autres personnes, et qu'on nous remet soit en paiement, soit en négociation, soit en compte courant, etc.

Comme il est divisé par colonnes d'entrée et de sortie, indépendamment d'autres indications utiles, en l'examinant dans un moment donné, — nos écritures d'ailleurs étant à jour, — nous devrons trouver, si ce livre a été bien tenu, que le montant des effets ENTRÉS et non SORTIS est bien celui des effets que nous avons encore en portefeuille, et du solde du compte d'effets à recevoir au Grand-Livre. C'est, comme on voit, un excellent moyen de double contrôle.

Du livre d'enregistrement des factures reçues. — Ce livre est une bonne chose pour pouvoir consulter une facture, soit pour le prix de la marchandise, soit pour d'autres motifs qui peuvent nous intéresser. Il est très-utile, si on considère qu'une facture sur feuille volante peut s'égarer, mais on peut le supprimer si l'on veut s'épargner un travail très-long lorsqu'il s'agit de nombreux articles. Dans ce cas on a soin de classer tous les originaux de factures reçues, par ordre de dates, et de les relier aussi commodément et aussi solidement que possible en les paginant comme un livre et en les répertoriant.

Notre opinion est qu'un document ainsi tenu vaut mieux qu'une copie, parce que d'abord il a un caractère plus authentique, et qu'en le transcrivant on peut faire des omissions. Cependant nous laissons le champ libre à la pratique sur ce point accessoire.

Du livre ou carnet d'échéances. — On nomme ainsi le livre que, comme celui d'enregistrement des effets à recevoir, on peut se procurer tout imprimé. Il a pour but l'enregistrement de tous les billets que nous souscrivons et de toutes les traites ou mandats qu'on fournit sur nous au fur et à mesure que nous remettons nos propres billets soit en paiement, soit en négociation, soit en compte courant, ou qu'on nous avise des dites traites ou mandats.

Nous inscrivons ces valeurs PASSIVES dans le mois et au

jour de leurs échéances, ce qui nous met constamment à même de savoir à quelles époques les dites valeurs nous seront présentées à l'encaissement.

Au fur et à mesure de nos paiements, nous avons soin d'indiquer ceux-ci en regard de l'objet qu'ils concernent, et lorsque nous voulons nous assurer de la régularité du dit carnet, nous voyons, pour la *partie simple,* si le montant des effets portés au livre de caisse coïncide avec celui de ces mêmes effets portés *payés* sur notre carnet; et, pour la *partie double,* si le montant de ceux qui restent à payer, — nos écritures d'ailleurs étant à jour,— est bien le même que le solde du compte *d'effets à payer* au Grand-Livre.

Comme on le voit, ce livre auxiliaire est non-seulement utile pour pouvoir constamment nous rendre un compte exact de ce que nous aurons à payer, afin de n'être pas pris au dépourvu, mais en outre il sert de contrôle et assure une fois de plus que les écritures concernant les effets à payer ont été régulièrement passées.

Du livre de caisse. — Ce livre comprend, pour la *partie simple* comme pour la *partie double,* d'un côté toutes les recettes ou encaissements, et de l'autre côté toutes les dépenses ou paiements.

Lorsque l'on additionne ces deux côtés, on doit généralement trouver que le total des recettes ou encaissements est supérieur à celui des dépenses ou paiements, car il tombe sous les sens que nous ne pourrions faire un paiement si nous n'avions rien dans notre caisse ! Mais il peut arriver que nous ayons payé jusqu'à concurrence de nos encaissements, et, dans ce cas, nous aurons le même total des deux côtés du livre.

Soit qu'on veuille, à une époque quelconque, arrêter ce livre pour reporter la différence *à nouveau*, soit qu'on veuille seulement la déterminer, cette différence s'appelle SOLDE EN CAISSE qui doit correspondre avec la somme existant réellement en caisse, et avec le solde du compte de caisse au Grand-Livre si les écritures sont tenues en *partie double.*

Si cependant on trouvait une somme supérieure ou inférieure à celle trouvée dans la caisse, il faudrait immédiatement la rechercher par les moyens que fournit notre théorie, et si ces moyens ne suffisaient pas, c'est que la somme ou les sommes dont elle se composerait, n'auraient pas eu d'emploi déterminé et constitueraient par conséquent un *bénéfice* ou une *perte* provenant de TROP REÇU OU TROP PAYÉ. Dans le premier de ces deux cas, s'il s'agissait de la *partie simple,* on se bornerait à écrire sur le livre de caisse : *excédant en caisse,* et dans le second : *déficit de caisse.* S'il s'agissait de la *partie double,* il faudrait, indépendamment des indications ci-dessus, passer au Journal ou Main-Courante un article ainsi conçu : *Caisse à profits et pertes* pour excédant en caisse ce jour fr. . . . ., ou : *profits et pertes à caisse* pour déficit de caisse fr. . .

En opérant ainsi, on aura l'avantage de ne pas voir se perpétuer une différence en plus ou en moins, et le moyen de découvrir peut-être plus tard qu'elle provenait soit de recettes, soit de dépenses qu'on avait omis d'enregistrer, ce qui donnerait lieu à de nouveaux articles qui annuleraient ceux ci-dessus.

Du livre de correspondance. — Ce livre, exigé par la loi comme le Journal, doit contenir, ainsi que lui, par ordre de dates, la copie exacte, soit à la main, soit au moyen d'une presse, ainsi que cela se pratique généralement aujourd'hui, grâce à cette précieuse invention, de toutes les lettres d'affaires qu'on écrit, et ces lettres doivent faire mention de toutes les valeurs qui les accompagnent. Elles doivent être écrites aussi laconiquement que possible, c'est-à-dire sans phrases inutiles; mais rien de ce qui en fait l'objet ne doit être omis, car on a vu souvent le succès ou l'insuccès d'une affaire dépendre du plus ou moins de clarté dans ce qu'on avait eu l'intention d'exprimer. Les lettres bien conçues sont en outre d'un grand secours pour la bonne tenue des livres, parce qu'on y puise souvent les éléments nécessaires pour la rédaction de beaucoups d'articles.

Du livre des comptes courants. — On appelle ainsi un livre qui remplace le Grand-Livre pour certains comptes, quelquefois nombreux, qu'on ne veut pas voir figurer en détail sur celui-ci. On le tient en *partie simple*, et on porte au Grand-Livre en *partie double*, qui le centralise, les totaux seulement des articles dont il se compose. Par exemple si, d'une part, on a vendu des marchandises à Pierre pour 1,200 fr., à Jacques pour 1,500 fr., à Nicolas pour 500 fr. ; que, d'autre part, on ait reçu de Joseph 700 fr., de Gustave 800 fr., de Simon 900 fr. Au lieu de leur ouvrir un compte à chacun au Grand-Livre en *partie double*, on ouvrira sur ce dernier un seul compte en l'intitulant *ad libitum* : comptes courants, débiteurs divers, débiteurs et créditeurs divers, ou plus simplement : *Divers*, et on ne fera figurer dans ce compte que les totaux de chaque article du Journal ou Main-Courante. Ainsi, pour ceux ci-dessus, si on avait adopté le titre *Débiteurs divers*, on écrirait au Journal ou Main-Courante en *partie double*, pour les premiers :

Débiteurs divers à Marchandises :

Pierre, notre facture, etc	1.200f »
Jacques. . . . d°	1 500 »
Nicolas. . . . d°	500 »
TOTAL à porter au Grand-Livre	3.200f »

et pour les derniers :

Caisse à Débiteurs divers :

à Joseph, son paiement.	700f »
à Gustave . . d°	800 »
à Simon . . . d°	900 »
TOTAL à porter au Grand-Livre. . . .	2.400 »

Lorsque l'on voudra s'assurer qu'on a bien opéré relativement à ces comptes, en réunissant toutes les sommes ou tous les soldes par DÉBITS et CRÉDITS des comptes partiels, on devra trouver que la différence entre ceux-ci est absolument la même que celle du solde qui ressortira au Grand-Livre, ce qui prouvera que les écritures ont été bien passées, en tenant toutefois compte de l'observation que nous avons faite à la page 43 relativement aux sommes qu'on a pu, par erreur, porter à un compte au lieu d'un autre.

Du livre des débits. — Ce livre qui a généralement la forme d'un Journal ou Main-Courante, est destiné à inscrire, jour par jour, toutes les ventes que l'on fait dans une maison. La personne qui le tient y porte tout ce qui lui est appelé par le vendeur, et après avoir fait les calculs, c'est sur ce même livre qu'on établit les factures qui sont ensuite acquittées ou non, suivant que la vente a été faite au *comptant* ou à *terme.* Il arrive même qu'on a deux livres identiques de forme dont l'un contient les ventes au comptant, et l'autre les ventes à terme. C'est sur ce livre ou sur ces livres qu'on forme les articles du Journal ou Main-Courante relatifs aux diverses ventes.

PRATIQUE

CHAPITRE V

Journal en partie simple. — Grand-Livre en partie simple. — Répertoire du Grand-Livre en partie simple. — Balance de vérification des écritures en partie simple.

JOURNAL EN PARTIE SIMPLE

1

JOURNAL

De Jean BONNEFOY, de Marseille

nencé le 1er Janvier 1875 et fini le . . . .

ivant mon inventaire arrêté au 1er janvier 1875, mon avoir ou ce je possède, et mes dettes, se composent comme suit :

AVOIR		
Une maison en cette ville, rue....., no...., estimée.	27.200	»
Une campagne au quartier de...., près Marseille, estimée.	2.500	»
Cinquante actions de Paris-Lyon-Méditerranée, à 500 fr. l'une, cours du jour	25.000	»
Bremond, banquier de cette ville, pour autant que je lui ai versé en espèces le 15 décembre dernier.	10.000	»
Mon mobilier estimé	1.850	»
Espèces en caisse..	850	»
TOTAL de mon avoir brut	67.400	»
DETTES		
Mon billet à l'ordre de Jules Bonnefoy, mon frère, pour cession de sa part sur la dite maison.	7.000	»
Mon billet à l'ordre de Sicard, de cette ville, formant le solde des 50 actions Paris-Lyon-Méditerranée	3.000	»
Ce que je possède net s'élève par conséquent à la somme de F. 57.400, ci.	57.400	»
TOTAL égal à celui de mon avoir brut.	67.400	»
Du 1er janvier 1875		
DOIT *Bremond, banquier de cette ville,*		
Mon versement du 15 décembre dernier. . .	10.000	»
A reporter. . . .	10.000	»

nt indicatif du report au Grand-Livre.
io du compte au Grand-Livre.

2

		Report.			10.00
		Du 1er janvier 1875			
		Avoir des suivants :			
.	2	*De Jules Bonnefoy, de cette ville,* pour cession de sa part de la maison mentionnée dans l'inventaire.	7.000	»	»
.	2	*De Sicard, de cette ville,* restant dû pour solde de 50 actions Paris-Lyon-Méditerranée qu'il m'a vendues.	3.000	»	10.00
		1er d°			
		Doivt les suivants :			
.	2	*Jules Bonnefoy, de cette ville,* mon billet à son ordre au 5 mars prochain	7 000	»	»
.	2	*Sicard, de cette ville,* mon billet à son ordre au 10 février prochain	3.000	»	10.00
		2 d°			
.	2	Avoir *de Bonhomme, de Paris,* Sa facture du 15 décembre dernier, payable à 90 jours sans escompte	»	»	5.02
		3 d°			
		Avoir des suivants :			
.	3	*De Luc, de Lyon,* sa facture du 20 décembre dernier, payable à 60 jours sans escompte.	3.000	»	»
.	3	*De Simon, de Saint-Etienne,* sa facture du 22 décembre de F. 6045, payable à 30 jours avec 3 °/o d'escompte.	5.863	65	8.86
		3 d°			
.	3	Doit *Mme Nicolas, de cette ville,* Ma facture de ce jour à un manteau de velours garni de guipures.	»	»	700
	(1)	4 d°			
.	1	Reçu *de divers* pour ventes au comptant suivant détail au Livre des ventes journalières.	»	»	1.800
		4 d°			
.	2	Doit *Bonhomme, de Paris,* Ma remise de mon billet à son ordre, au 15 mars prochain, pour solde de sa facture du 15 décembre dernier.	»	»	5.025
		A reporter.			51.413

(1) Folio du Livre de caisse.

Report.			51.413	65
Du 5 janvier 1875				
AVOIR *de Renard, de Roubaix,* Sa facture du 25 décembre dernier, de F. 5048, payable comptant avec 3 % d'escompte	»	»	4.896	55
5 d°				
DOIT *Michel, de cette ville,* Ma facture de ce jour à un châle de l'Inde .	»	»	1.200	»
7 d°				
DOIT *Barbaroux, de cette ville,* Ma remise en espèces.	»	»	2.000	»
7 d°				
AVOIR *de Barbaroux, de cette ville,* Son billet à mon ordre, au 31 courant. . . .	»	»	2.000	»
8 d°				
AVOIR *de Bremond, banquier de cette ville,* Sa remise passée à mon ordre sur Moulard, de Roubaix, à vue	»	»	4 896	55
8 d°				
VENDU *au comptant* à divers, suivant détail au livre des ventes journalières.	»	»	700	»
9 d°				
DOIT *Renard, de Roubaix,* Ma remise sur Moulard de la dite ville, à vue, pour solde de sa facture du 25 décembre dernier.	»	»	4.896	55
10 d°				
AVOIR *de Chartier frères, de Paris,* Leur facture du 3 courant, payable à 3 mois sans escompte.	»	»	7.900	»
A reporter.			79.903	30

F°	Libellé			Total
	Report			79.903
	Du 10 janvier 1875.			
5	Doit *Arbaud, de cette ville,* Ma facture de ce jour à 25 mètres taffetas noir, à raison de 10 francs le mètre. . . .	»	»	250
	10 d°			
1	Vendu *au comptant* à divers, suivant détail au livre des ventes journalières	»	»	755
	10 d°			
4	Avoir *de Michel, de cette ville,* Son paiement en espèces de ma facture du 5 courant.	»	»	1.200
	10 d°			
2	Doit *Sicard, de cette ville,* Ma facture de ce jour à 50 mètres drap noir, à raison de 20 francs le mètre	»	»	1.000
	12 d°			
	Doiv^t les suivants,			
5	*Laure, de cette ville,* ma facture de ce jour à 80 mètres flanelle, à raison de 4 francs le mètre	320	»	»
6	*Giraud, de cette ville,* ma facture de ce jour à 20 douzaines mouchoirs de Batiste, à raison de 36 francs la douzaine.	720	»	1.040
	14 d°			
1	Avoir *de Bremond, de cette ville,* Espèces reçues ce jour	»	»	2.000
	15 d°			
5	Avoir *d'Arbaud, de cette ville,* Son billet à mon ordre au 31 courant pour solde de ma facture du 10 courant	»	»	250
	15 d°			
6	Avoir *de Duprat, de Bandol (Var),* Sa facture à 500 caisses d'immortelles, à raison de 25 francs la caisse, payable comptant avec 3 % d'escompte	»	»	12.500
	A reporter			98.898

5

Report.			98.898	30
Du 15 janvier 1875				
DOIT *Bremond, banquier de cette ville,*				
Ma remise sur Arbaud de cette ville, au 31 courant.	»	»	250	»
16 d°				
AVOIR *de Laure, de cette ville,*				
Son paiement de ma facture du 12 courant. .	»	»	320	»
16 d°				
VENDU *au comptant* à divers suivant détail au livre des ventes journalières	»	»	780	»
17 d°				
DOIT *Bremond, banquier de cette ville,*				
Mon versement en espèces.	»	»	2.500	»
18 d°				
DOIT *Martin, de Toulon,*				
Ma facture à 5 pièces alpaga, à raison de 200 francs la pièce, payable à 30 jours, sans escompte.	»	»	1.000	»
18 d°				
DOIT *Philippe, de Paris,*				
Ma facture du 17 courant à 500 caisses d'immortelles, à raison de 30 francs la caisse, payable à 30 jours avec 3 °/₀ d'escompte.	»	»	15.000	»
19 d°				
AVOIR *de Bremond, banquier de cette ville,*				
Sa remise à mon ordre sur Couadou de Bandol, au 25 courant	»	»	12.125	»
19 d°				
DOIT *Duprat, de Bandol (Var),*				
Ma remise à son ordre, sur Couadou, de Bandol, au 25 courant, pour solde de sa facture du 15 courant de F. 12500	12.125	»		
Escompte 3 °/₀ sur la dite facture.	375	»	12.500	»
A reporter.			143.373	30

6

	F°	Libellé	Détail		Total
		Report.			143.373
		Du 21 janvier 1875			
.	7	AVOIR *de Philippe, de Paris,* pour règlement de ma facture du 17 courant, sa remise comme suit :			
		Sur Féraud, de Marseille, au 20 février prochain	5.000	»	
		Sur Julien, de Paris, au 20 février prochain.	6.000	»	
		Sur Beaussier, de Toulon, au 20 février prochain	3.550	»	
			14.550	»	
		Escompte 3 % sur ma dite facture	450	»	15.000
		22 d°			
.	7	DOIT *Lambert, de cette ville,* Ma facture à un châle dentelle Chantilly. . .	»	»	1.200
		22 d°			
.	1	*Mon paiement* à M. Jacques, propriétaire, d'un semestre de loyer d'avance, du 1er janvier courant au 30 juin prochain. . . .	»	»	2.000
		22 d°			
.	1	VENDU *au comptant* à divers, suivant détail au livre des ventes journalières.	»	»	850
		24 d°			
.	1	PAYÉ *à André, menuisier,* Son mémoire du 15 courant de divers travaux de menuiserie.	»	»	1.525
		25 d°			
.	1	PAYÉ *à Louis, serrurier,* Son mémoire du 10 courant pour divers travaux de serrurerie.	»	»	600
		25 d°			
.	7	AVOIR *de Serval, de cette ville,* Son versement espèces en compte courant. .	»	»	3.500
		A reporter.			168 048 3

Report.				168.048	30
—— Du 26 janvier 1875 ——					
Avoir *de Féraud, de cette ville,*					
Sa facture du 24 courant à 1000 balles farine, à raison de 52 francs la balle		»	»	52.000	»
—— 28 d° ——					
Doit *Arnoul fils, de Toulon,*					
Ma facture de ce jour à 1000 balles farine, à raison de 55 francs la balle, payable comptant, sans escompte		»	»	55.000	»
—— 29 d° ——					
Doit *Bremond, banquier,* ma remise sur les suivants au 20 février prochain :					
Sur Féraud, de Marseille		5.000	»		
Sur Julien, de Paris		6.000	»		
Sur Beaussier, de Toulon		3.550	»		
		14.550	»		
Mon versement en espèces.		6.000	»	20.550	»
—— 30 d° ——					
Avoir *d'Arnoul fils, de Toulon,* sa remise comme ci-après pour règlement de ma facture du 28 courant :					
Son envoi d'un group espèces par chemin de fer.		25.000	»		
Son billet à mon ordre à 3 jours de vue	10.000				
Sa traite à mon ordre sur Nicolas, de Bordeaux, au 5 février prochain	10.000				
Sa remise à mon ordre sur Féraud, de Marseille, au 6 février prochain	10.000	30.000	»	55.000	»
A reporter.				350.598	30

8

		Report.			350.598	3
		Du 31 janvier 1875				
.	1	AVOIR *de Bremond, banquier,*				
		Sa remise sur Oppenheim, de Paris, au 3 avril prochain passée à mon ordre	3.000	»		
		Espèces reçues ce jour	2.000	»	5.000	
		31 d°				
.	5	DOIVt *Chartier frères, de Paris,* en règlement de leur facture du 3 courant,				
		Ma remise passée à leur ordre, sur Paris, au 3 avril prochain	3.000	»		
		Mon billet à leur ordre au 3 avril prochain .	4.900	»	7.900	
		31 d°				
.	8	DOIT *Allègre, de cette ville,*				
		Ma facture à 200 caisses oranges d'Espagne, à raison de 15 francs la caisse, payable comptant sans escompte.	»	»	3.000	
		31 d°				
.	1	AVOIR *de Mosquera, de Valence (Espagne),*				
		Net produit de mon compte de vente en date de ce jour, de 200 caisses oranges d'Espagne, vendues pour son compte à Allègre de cette ville, à raison de 15 francs la caisse	»	»	2.500	
		31 d°				
.	1	DOIT *Bremond, banquier de cette ville,*				
		Pour intérêts en ma faveur suivant mon compte courant remis ce jour, valeur de ce jour	»	»	27	5
		A reporter.			369.025	8

Report.			369.025	88
Du 31 janvier 1875				
PAYÉ *à divers* pour courtage, camionnage et frais divers à 200 caisses oranges reçues de Mosquera.	»	»	100	»
31 d°				
Dépenses diverses comme suit :				
Payé à Daumas, mon employé, ses appointements du mois de janvier	200	»		
Payé à Paul, mon employé, ses appointements du mois de janvier	150	»		
Payé à Pierre, mon garçon de magasin, ses salaires du mois de janvier	100	»		
Frais divers pendant le mois suivant, détail au livre des menus frais.	175	»		
Mon prélèvement pour le mois de janvier . .	300	»	925	»
			370.050	88

GRAND-LIVRE EN PARTIE SIMPLE

1

Doit BREMOND, banqu

				(1)	
1875	Janv.	1	Mon versement du 15 décembre dernier.	1	10.000
»	»	15	Ma remise sur Arbaud, de cette ville, au 31 courant.	5	250
»	»	17	Mon versement en espèces.	5	2.500
»	»	29	Ma remise suivant détail au Journal . .	7	20.550
»	»	31	Intérêts suivant mon compte courant remis ce jour.	8	27
					33.327
1875	Fév.	1	Solde du compte précédent, valeur du 31 janvier dernier.		9.306

Doit MOSQUERA,

(1) Folio du Journal ou Main-Courante.
(2) Id. id.

tte ville. **Avoir**

			(2)		
Janv.	8	Sa remise sur Roubaix à vue	3	4.896	55
»	14	Reçu en espèces.	4	2.000	»
»	19	Sa remise à mon ordre sur Bandol, au 25 courant	5	12.125	»
»	31	Sa remise suivant détail au Journal . .	8	5.000	»
»	»	Débiteur à nouveau		9.306	03
				33.327	58

ce (Espagne). **Avoir**

Janv.	31	Mon compte de vente	8	2.500	»

2

Doit Jules BONNEFOY

1875	janv.	1	Mon billet à son ordre au 5 mars prochain	2	7.000
					7.000

Doit SICARD

1875	janv.	1	Mon billet à son ordre au 10 février prochain	2	3.000
»	»	10	Ma facture de ce jour	4	1.000

Doit BONHOM

1875	janv.	4	Mon billet à son ordre au 15 mars prochain	2	5 025

2

ville **Avoir**

janv.	1	Cession de sa part sur la maison inventoriée ce jour.	2	7.000	»
				7.000	»

ville **Avoir**

janv.	1	Solde de 50 actions Paris-Lyon-Méditerranée qu'il m'a vendues	2	3.000	»

aris **Avoir**

janv.	2	Sa facture du 15 décembre dernier. . .	2	5.025	»

3

Doit LU

Doit SIMON,

Doit Madame NICOLAS,

1875	Janv.	3	Ma facture.	2	700

3

Avoir

Janv.	3	Sa facture du 20 décembre dernier. . .	2	3.000	»

t-Étienne. **Avoir**

Janv.	3	Sa facture du 22 décembre dernier. . .	2	5.863	65

e ville. **Avoir**

4

Doit RENARD,

1875	Janv.	9	Ma remise sur Roubaix à vue	3	4.896

Doit MICHE

1875	Janv.	5	Ma facture.	3	1.200

Doit BARBAROUX,

1875	Janv.	7	Ma remise en espèces	3	2.000

4

aix. **Avoir**

Janv.	5	Sa facture du 25 décembre dernier. . .	3	4.896	55

ville. **Avoir**

Janv.	10	Son paiement.	4	1.200	»

e ville. **Avoir**

Janv.	7	Son billet à mon ordre au 31 courant. .	3	2.000	»

6

5

Doivt CHARTIER frè

1875	janv.	31	Ma remise suivant détail au journal .	8	7.900

Doit ARBAUD,

1875	Janv.	10	Ma facture.	4	250

Doit LAURE,

1875	Janv.	12	Ma facture.	4	320

5

ris. **Avoir**

Janv.	10	Leur facture du 3 courant	3	7.900	»

ville. **Avoir**

Janv.	15	Son billet à mon ordre au 31 courant. .	4	250	»

ville. **Avoir**

Janv.	16	Son paiement.	5	320	»

6

Doit GIRAUD.

1875	Janv.	12	Ma facture	4	720

Doit DUPRAT,

1875	Janv.	19	Ma remise sur Couadou, au 25 courant.	5	12.125
»	»	»	Escompte 3 % sur sa facture	»	375
					12.500

Doit MARTIN,

1875	Janv.	18	Ma facture.	5	1.000

6

ville. **Avoir**

lol (Var). **Avoir**

Janv.	15	Sa facture	4	12.500	»
				12.500	»

ion. **Avoir**

7

Doit **PHILIPPE,**

1875	Janv.	18	Ma facture du 17 courant.	5	15.000
					15.000

Doit **LAMBERT,**

1875	Janv.	22	Ma facture	6	1.200

Doit **SERVAL,**

7

Avoir

janv.	21	Sa remise sur divers suivant détail au journal.	6	14.550	»
»	»	Escompte sur ma facture du 17 courant.	6	450	»
				15.000	»

ville. **Avoir**

ville. **Avoir**

Janv.	25	Son versement en compte courant. . .	6	3.500	»

8

Doit **FÉRAUD,**

Doit **ARNOUL Fils,**

1875	Janv.	28	Ma facture	7	55.000

Doit **ALLÈGRE,**

1875	Janv.	31	Ma facture	8	3.000

ville. **Avoir**

Janv.	26	Sa facture	7	52.000	»

on. **Avoir**

Janv.	30	Sa remise suivant détail au journal . .	7	55.000	»

te ville. **Avoir**

RÉPERTOIRE DU GRAND-LIVRE

EN PARTIE SIMPLE

	A		
Marseille........	Arbaud....................	5	
Toulon..........	Arnoul fils.................	8	
Marseille........	Allègre.....................	8	
	B		
Marseille........	Bremond....................	1	
Marseille........	Bonnefoy (Jules)..........	2	
Paris	Bonhomme..................	2	
Marseille........	Barbaroux..................	4	
	C		
Paris	Chartier frères.............	5	
	D		
Bandol..........	Duprat.....................	6	
	E		
	F		
Marseille........	Féraud.....................	8	
	G		
Marseille........	Giraud.....................	6	
	H.I.J.K		

	L		
Lyon........ ..	Luc	3	
Marseille........	Laure	5	
Marseille........	Lambert....................	7	
	M		
Valence	Mosquera..................	1	
Marseille........	Michel...........	4	
Toulon..........	Martin.....................	6	
	N		
Marseille........	Nicolas....................	3	
	O		
	P		
Paris	Philippe	7	
	Q		
	R		
Roubaix.........	Renard....	4	
	S		
Marseille........	Sicard.....................	2	
Saint-Étienne....	Simon...	3	
Marseille........	Serval.....................	7	
	T.U.V		
	X.Y.Z		

BALANCE DE VÉRIFICATION DES ÉCRITURES

EN PARTIE SIMPLE

(1)		DÉBITS.		CRÉDITS.	
1	Bremond, banquier....................	33.327	58	24.021	55
1	Mosquera..............................	»	»	2 500	»
2	Bonnefoy, Jules.......................	7.000	»	7.000	»
2	Sicard................................	4 000	»	3.000	»
2	Bonhomme..............................	5.025	»	5.025	»
3	Luc...................................	»	»	3.000	»
3	Simon.................................	»	»	5.863	65
3	Nicolas...............................	700	»	»	»
4	Renard................................	4 896	55	4 896	55
4	Michel................................	1.200	»	1.200	»
4	Barbaroux.............................	2.000	»	2 000	»
5	Chartier frères.......................	7.900	»	7.900	»
5	Arbaud................................	250	»	250	»
5	Laure.................................	320	»	320	»
6	Giraud................................	720	»	»	»
6	Duprat................................	12.500	»	12.500	»
6	Martin................................	1.000	»	»	»
7	Philippe..............................	15.000	»	15.000	»
7	Serval................................	»	»	3 500	»
8	Féraud................................	»	»	52.000	»
8	Arnoul fils...........................	55.000	»	55 000	»
8	Allègre...............................	3.000	»	»	»
7	Lambert...............................	1.200	»	»	»
		155.039	13	204.976	75
	RÉCAPITULATION (2)				
	DÉBITS................................			155.039	13
	CRÉDITS...............................			204.976	75
	Dépenses non en comptes courants et figurant seulement au Journal et au Livre de caisse..........	5.150	»		
	Recettes idem. idem	4.885	»	10 035	»
	TOTAL ÉGAL à celui du Journal arrêté au 31 janvier 1875..........			370.050	88

(1) Folio du compte au Grand-Livre.

(2) Cette récapitulation est ici nécessaire parce que, en vertu de la théorie, une seule colonne de la Balance ne peut nous donner, comme dans la partie double, le total du Journal, et qu'en outre le Grand-Livre en partie simple ne

comprenant que les comptes des particuliers et non ceux des choses, en d'autres termes, que ceux des personnes et non ceux appelés généraux, il faut, ainsi que nous l'avons fait ici, prendre au Journal ou au Livre de caisse toutes les sommes qui n'ont pas nécessité l'ouverture d'un compte au Grand-Livre, et en les ajoutant aux totaux de nos deux colonnes de la Balance, on trouvera, si on a bien opéré, que toutes ces sommes ainsi groupées formeront le total exact du Journal ou Main-Courante, ce qui donnera la certitude que rien n'a été omis.

Le lecteur verra par cette note combien il est important que toutes les opérations figurent au Journal ou Main-Courante, car si on avait omis de porter un article ou des articles au Livre de caisse, le Journal ou Main-Courante les ferait retrouver, ce qui permettrait de mettre le dit Livre de caisse dans le véritable état qu'il doit présenter.

CHAPITRE VI

Journal en partie double. — Grand-Livre en partie double. — Répertoire du Grand-Livre en partie double. — Balance de vérification des écritures en partie double. — Relevé des soldes pour la formation de la Balance de sortie et d'entrée.

JOURNAL EN PARTIE DOUBLE

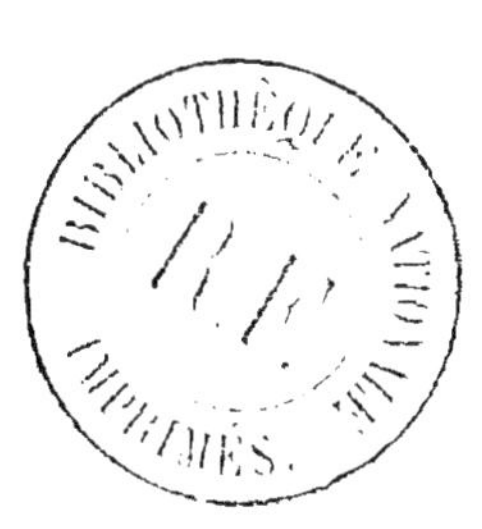

1

JOURNAL

De Jean BONNEFOY, de Marseille,

[Comm]encé le 1er Janvier 1875 et fini le . . . .

Du 1er janvier 1875						
DIVERS à BILAN D'ENTRÉE,						
Suivant mon inventaire dressé ce jour, et dont ce qui suit est le résumé.						
IMMEUBLES,						
Une maison que je possède en cette ville, rue..., n°..., estimée	27.200					
Une campagne au quartier de..... estimée	2.500	29.700	»	.		
ACTIONS,						
Cinquante actions de chemin de fer Paris-Lyon-Méditerranée à 500 fr. cours du jour.		25.000	»	.		
BREMOND, BANQUIER *de cette ville,*						
Pour autant que je lui ai versé le 15 décembre dernier		10.000	»	.		
MOBILIER,						
Celui que je possède, estimé...............		1.850	»	.		
CAISSE,						
Espèces en caisse........................		850	»	.	67.400	» (3) .
1er d°						
BILAN D'ENTRÉE à DIVERS,						
Suivant mon dit inventaire.						
A reporter......					67.400	»

[(1) P]oint indicatif du report au Grand-Livre.
[(2) F]olio du compte au Grand-Livre.
[(3) P]oint indicatif de la vérification.

Folio	Libellé	Détail	Sommes		Totaux
	Report.				67.400
3	à EFFETS à PAYER,				
	Mon billet au 5 mars prochain à l'ordre de Jules Bonnefoy, mon frère, pour cession de sa part sur la maison figurant dans mon actif.	7.000			
	Mon billet à l'ordre de Sicard, au 10 février prochain, pour solde de 50 actions Paris-Lyon-Méditerranée, qu'il m'a vendues le 20 décembre dernier.	3.000	10.000	»	
1	à CAPITAL,				
	Différence entre mon actif et mon passif, c'est-à-dire entre mon avoir et mes dettes, et formant par conséquent mon capital net ce jour		57.400	»	67 400
	Du 2 janvier 1875				
2	MARCHANDISES				
6	à BONHOMME, *de Paris*,				
	Sa facture du 15 décembre dernier, payable à 90 jours, sans escompte.		»	»	5.025
	3 do				
2	MARCHANDISES à DIVERS :				
6	à LUC, *de Lyon*,				
	Sa facture du 20 décembre dernier, payable à 60 jours, sans escompte.		3.000	»	
6	à SIMON, *de Saint-Étienne*,				
	Sa facture du 22 décembre dernier, payable à 30 jours, avec 3 % d'escompte.		6.045	»	9 045
	A reporter.				148.870

Report.			148.870	»
— Du 3 janvier 1875 —				
;IMON, *de Saint-Étienne,* PROFITS et PERTES, Escompte 3 °/₀ sur sa facture du 22 décembre dernier	»	»	181	35
— 3 dº —				
⁾IVERS à MARCHANDISES, Mme NICOLAS, *de cette ville,* Ma facture à un manteau de velours garni de guipures.	700	»		
CAISSE, Espèces reçues de divers pour ventes au comptant, suivant détail au livre de ventes journalières	1.800	»	2.500	»
— 4 dº —				
BONHOMME, *de Paris,* à EFFETS à PAYER, Ma remise de mon billet à s/o au 15 mars p^in pour solde de sa facture du 15 décembre dernier	»	»	5 025	»
— 5 dº —				
MARCHANDISES à RENARD, *de Roubaix,* Sa facture du 25 décembre dernier, payable comptant avec 3 °/₀ d'escompte	»	»	5.048	»
— 5 dº —				
RENARD, *de Roubaix,* à PROFITS et PERTES, Escompte 3 °/₀ sur sa facture du 25 décembre dernier			151	45
— 5 dº —				
MICHEL, *de cette ville,* à MARCHANDISES, Ma facture de ce jour à un châle de l'Inde .	»	»	1.200	»
A reporter			162.975	80

		Report.			162.975	8
		Du 7 janvier 1875				
.	7	BARBAROUX, *de cette ville*,				
.	1	à CAISSE,				
		Ma remise en espèces	»	»	2.000	»
		7 do				
.	2	EFFETS à RECEVOIR				
.	7	à BARBAROUX, *de cette ville*,				
		Son billet à mon ordre au 31 courant. . .	»	»	2 000	»
		8 do				
.	2	EFFETS à RECEVOIR				
.	5	à BREMONT, BANQUIER,				
		Sa remise passée à mon ordre sur Moulard, de Roubaix, à vue, valeur du 11 courant. .	»	»	4.896	55
		8 do				
.	1	CAISSE				
.	2	à MARCHANDISES,				
		Espèces reçues de divers pour ventes au comptant, suivant détail au livre des ventes journalières	»	»	700	»
		9 do				
.	7	RENARD, *de Roubaix*,				
.	2	à EFFETS à RECEVOIR,				
		Ma remise sur Moulard, à vue, pour solde de sa facture du 25 décembre dernier . . .	»	»	4.896	55
		10 do				
.	2	MARCHANDISES				
.	7	à CHARTIER FRÈRES, *de Paris*,				
		Leur facture du 3 courant, payable à 3 mois, sans escompte	»	»	7.900	»
		A reporter. . .			185.368	9

5

Report. . . .			185.368	90
du 10 janvier 1875				
DIVERS à MARCHANDISES,				
ARBAUD, *de cette ville,*				
Ma facture de ce jour à 25 mètres taffetas à 10 francs le mètre	250	»		
CAISSE,				
Espèces reçues de divers pour ventes au comptant, suivant détail au livre des ventes journalières.	755	»	1.005	»
10 d°				
CAISSE				
à MICHEL, *de cette ville,*				
Son paiement de ma facture du 5 courant.	»	»	1.200	»
10 d°				
SICARD, *de cette ville,*				
à MARCHANDISES,				
Ma facture de ce jour à 50m drap noir, à raison de 20 francs le mètre	»	»	1.000	»
12 d°				
DIVERS à MARCHANDISES,				
LAURE, *de cette ville,*				
Ma facture à 80 mètres flanelle, à raison de 4 francs le mètre.	320	»		
GIRAUD, *de cette ville,*				
Ma facture à 20 douzaines mouchoirs à raison de 36 francs la douzaine	720	»		
	1.040	»	1.040	»
A reporter.			189.613	90

	Report			189.613	90
	du 14 janvier 1875				
1	CAISSE				
5	à BREMOND, *de cette ville,*				
	Espèces reçues ce jour.	»	»	2.000	»
	15 d°				
2	EFFETS à RECEVOIR				
8	à ARNAUD, *de cette ville,*				
	Son billet à mon ordre, au 31 courant, pour solde de ma facture du 10 courant	»	»	250	»
	15 d°				
2	MARCHANDISES				
9	à DUPRAT, *de Bandol (Var)*,				
	Sa facture à 500 caisses immortelles, à raison de 25 francs la caisse, payable comptant avec 3 % d'escompte	»	»	12.500	»
	15 d°				
5	BREMOND, BANQUIER, *de cette ville,*				
2	à EFFETS à RECEVOIR,				
	Ma remise passée à son ordre sur Arbaud, de cette ville, au 31 courant.	»	»	250	»
	16 d°				
1	CAISSE à DIVERS,				
8	à LAURE, *de cette ville,*				
	Son paiement de ma facture du 12 courant.	320	»		
2	à MARCHANDISES,				
	Ventes au comptant de ce jour, suivant détail au livre des ventes journalières . . .	780	»	1.100	»
	A reporter . .			205.713	90

7

Report. . . .			205.713	90
Du 17 janvier 1875				
BREMOND, BANQUIER,				
à CAISSE,				
Mon versement.	»	»	2.500	»
18 d°				
MARTIN, *de Toulon*,				
à MARCHANDISES,				
Ma facture de ce jour à 5 pièces alpaga noir, à raison de 200 francs la pièce, payable à 30 jours, sans escompte.	»	»	1.000	»
18 d°				
PHILIPPE, *de Paris*,				
à MARCHANDISES,				
Ma facture du 17 courant, à 500 caisses immortelles, à raison de 30 francs la caisse, payable à 30 jours avec 3 % d'escompte . .	»	»	15.000	»
19 d°				
EFFETS à RECEVOIR,				
à BREMOND, BANQUIER,				
Sa remise à mon ordre sur Couadou, de Bandol, au 25 courant	»	»	12.125	»
19 d°				
DUPRAT, *de Bandol*, à DIVERS,				
à EFFETS à RECEVOIR,				
Ma remise à son ordre sur Couadou, de Bandol, au 25 courant, pour solde de sa facture du 15 courant.	12.125	»		
à PROFITS et PERTES,				
Escompte 3 % sur la dite facture. . . .	375	»	12.500	»
A reporter. . .			248.838	90

8

Folio	Libellé		Sommes		Total	
	Report.				248 838	90
	Du 21 janvier 1875					
9	DIVERS à PHILIPPE, *de Paris*,					
	Pour règlement de ma facture du 17 courant :					
2	EFFETS à RECEVOIR,					
	Sa remise à mon ordre et au 20 février prochain, sur les suivants :					
	Sur Féraud, de Marseille.	5.000				
	Sur Julien, de Paris.	6.000				
	Sur Beaussier, de Toulon	3.550	14 550	»		
3	PROFITS et PERTES,					
	Escompte 3 % sur ma sus-dite facture. . .		450	»	15.000	»
	22 d°					
»	DIVERS à DIVERS,					
9	LAMBERT, *de cette ville*,					
	Ma facture à un châle dentelle Chantilly. .		1.200	»		
4	FRAIS GÉNÉRAUX,					
	Mon paiement à M. Jacques, propriétaire, d'un semestre de loyer d'avance, du 1er janvier courant au 30 juin prochain.		2.000	»		
			3.200	»		
2	à MARCHANDISES,					
	Ma facture à Lambert, comme ci-dessus. .		1 200	»		
1	à CAISSE,					
	Mon paiement à M. Jacques, comme ci-dessus		2.000	»	3.200	»
	A reporter.				267.038	90

Report. . . .			267.038	90
Du 22 janvier 1875				
CAISSE à MARCHANDISES, Espèces reçues de divers, pour ventes au comptant, suivant détail au livre des ventes journalières	»	»	850	»
24 d°				
MOBILIER à CAISSE, Payé à André, menuisier, son mémoire du 15 courant, à divers travaux de menuiserie.	»	»	1.525	»
25 d°				
MOBILIER à CAISSE, Payé à Louis, serrurier, son mémoire du 10 courant, à divers travaux de serrurerie. . .	»	»	600	»
25 d°				
CAISSE à SERVAL, Son versement en espèces et en compte-courant avec intérêts au taux de 5 pour cent l'an.	»	»	3.500	»
26 d°				
MARCHANDISES à FÉRAUD, *de cette ville,* Sa facture du 24 courant, à 1,000 balles farine à raison de 52 francs la balle, payable comptant sans escompte			52 000	»
A reporter . .			325 513	90

10

		Report. . . .				325.513	90
		Du 28 janvier 1875					
.	9	ARNOUL FILS, *de Toulon*,					
.	2	à MARCHANDISES,					
		Ma facture de ce jour à 1,000 balles farine, à raison de 55 francs la balle, payable comptant sans escompte.		»	»	55.000	»
		29 d°					
.	5	BREMOND, BANQUIER, à DIVERS,					
.	2	à EFFETS à RECEVOIR,					
		Ma remise passsée à son ordre sur les suivants :					
		Sur Féraud, de Marseille, au 20 février prochain.	5.000				
		Sur Julien, de Paris, au 20 février prochain.	6.000				
		Sur Beaussier, de Toulon, au 20 février prochain	3 550	14.550	»		
.	1	à CAISSE,					
		Mon versement de ce jour, en espèces, valeur, du 30 courant		6.000	»	20.550	»
		30 d°					
.	9	DIVERS à ARNOUL FILS, *de Toulon*,					
		Sa remise comme ci-après, pour règlement de ma facture du 28 courant.					
.	1	CAISSE,					
		Son envoi d'un group espèces, par chemin de fer.		25.000	»		
		A reporter. . .		25.000	»	401.063	9

Report.		25.000	»	401.063	90
EFFETS à RECEVOIR,					
Son billet à mon ordre, à trois jours de vue.	10.000				
Sa traite passée à mon ordre sur Nicolas, de Bordeaux, au 5 février prochain	10.000				
Sa remise à mon ordre sur Féraud, de Marseille, au 6 février prochain.	10.000	30.000	»	55.000	»
Du 31 janvier 1875					
DIVERS à BREMOND, BANQUIER,					
EFFETS à RECEVOIR,					
Sa remise à mon ordre sur Oppenheim, de Paris, au 3 avril prochain		3.000	»		
CAISSE,					
Espèces reçues ce jour.		2.000	»	5.000	»
31 d°					
CHARTIER FRÈRES, *de Paris*, à DIVERS,					
Pour règlement de leur facture du 3 courant.					
à EFFETS à RECEVOIR,					
Ma remise passée à leur ordre sur Oppenheim, de Paris, au 3 avril prochain		3.000	»		
à EFFETS à PAYER,					
Mon billet à leur ordre au 3 avril prochain.		4.900	»	7.900	»
A reporter.				468.963	90

12

Folio	Libellé	Sommes partielles	Totaux
	Report.		468.963 9
	Du 31 janvier 1875		
7	ALLÈGRE, *de cette ville,*		
2	à MARCHANDISES,		
	Ma facture à 200 caisses oranges d'Espagne, à raison de 15 francs la caisse, payable comptant sans escompte.		3.000 »
	31 d°		
2	MARCHANDISES à DIVERS		
8	à MOSQUERA, *de Valence (Espagne),*		
	Net produit de mon compte de vente de ce jour, à 200 caisses oranges d'Espagne, vendues pour son compte à Allègre, de cette ville, à raison de 15 francs la caisse. . . .	2.500 »	
4	à FRAIS GÉNÉRAUX,		
	Courtage, magasinage, etc.	350 »	
3	à PROFITS et PERTES,		
	Ma commission de 5 pour cent sur F. 3.000	150 »	3.000 »
	31 d°		
4	FRAIS GÉNÉRAUX		
1	à CAISSE,		
	Payé aux suivants leurs appointements et salaires du mois de janvier :		
	à Daumas, commis. 200		
	à Paul, d° 150		
	à Pierre, garçon. 100	450 »	
	Divers frais pendant le mois, suivant détail au livre des menus frais	175 »	
	Mon prélèvement pour janvier	300 »	925 :
	A reporter.		475.888 9:

Report.			475.888	90
Du 31 janvier 1875				
FRAIS GÉNÉRAUX à CAISSE, Mes paiements à divers pour camionage, courtage et autres frais occasionnés par les 200 caisses oranges reçues de Mosquera . .	»	»	100	»
31 d°				
BREMOND, BANQUIER, à PROFITS et PERTES, Intérêt en ma faveur suivant mon compte-courant arrêté ce jour	»	»	27	58
31 d°				
PROFITS et PERTES à FRAIS GÉNÉRAUX, Pour solde de ce dernier compte.	»	»	2.675	»
31 d°				
DIVERS à PROFITS et PERTES, MARCHANDISES, Bénéfices réalisés sur mes ventes, suivant inventaire des marchandises arrêté ce jour .	4.600	»		
ACTIONS, Plus-value suivant le cours du jour sur mes 50 actions P.-L.-M..	500	»	5.100	»
31 d°				
PROFITS et PERTES à CAPITAL, Pour solde du premier de ces deux comptes représentant mes bénéfices nets à ce jour,				
A reporter.			483.791	48

14

Fo	Libellé	Montant	c.	Total	c.
	Report.			483.791	4
	et augmentant par conséquent d'autant mon capital	»	»	2 860	3
	Du 31 janvier 1875				
10	BALANCE de SORTIE à DIVERS,				
	Pour solde à nouveau des comptes suivants :				
1	à CAISSE	24.105	»		
2	à MARCHANDISES.	14.843	»		
2	à EFFETS à RECEVOIR	32.000	»		
4	à IMMEUBLES	29 700	»		
4	à MOBILIER.	3.975	»		
5	à ACTIONS	25.500	»		
5	à BREMOND	9.306	03		
6	à Mme NICOLAS	700	»		
7	à ALLÈGRE	3.000	»		
8	à SICARD.	1.000	»		
8	à GIRAUD.	720	»		
9	à MARTIN.	1.000	»		
9	à LAMBERT	1.200	»	147.049	0
	31 do				
10	DIVERS à BALANCE de SORTIE,				
	Pour solde à nouveau des comptes suivants :				
1	CAPITAL	60.260	38		
3	EFFETS à PAYER.	19 925	»		
6	LUC	3.000	»		
6	SIMON	5.863	65		
6	SERVAL.	3 500	»		
8	MOSQUERA	2.500	»		
9	FÉRAUD.	52.000	»	147.049	0
				780.749	

Du 1er février 1875

BALANCE d'ENTRÉE à DIVERS,

Pour reporter à nouveau le solde des comptes *créditeurs* ci-après :

à Capital	60.260	38		
à Effets à Payer	19.925	»		
à Luc	3.000	»		
à Simon	5 863	65		
à Serval	3.500	»		
à Mosquera	2.500	»		
à Féraud	52.000	»	147.049	03

1er do

DIVERS à BALANCE d'ENTRÉE,

Pour reporter à nouveau le solde des comptes *débiteurs* ci-après :

Caisse	24.105	»		
Marchandises	14 843	»		
Effets à Recevoir	32 000	»		
Immeubles	29.700	»		
Mobilier	3.975	»		
Actions	25.500	»		
Bremond	9.306	03		
Mme Nicolas	700	»		
Allègre	3.000	»		
Sicard	1.000	»		
Giraud	720	»		
Martin	1.000	»		
Lambert	1.200	»	147.049	03

GRAND-LIVRE EN PARTIE DOUBLE

Doit CAPITA[L]

				(1)	(2)	
1875	Janv.	31	A Balance de sortie	14	10	60.260
						60.260

Doit CAIS[SE]

1875	Janv.	1	A Bilan d'entrée	1	5	850
»	»	3	» Marchandises.	3	2	1.800
»	»	8	» »	4	2	700
»	»	10	» »	5	2	755
»	»	10	» Michel	5	7	1.200
»	»	14	» Bremond	6	5	2.000
»	»	16	» Divers.	6	—	1.100
»	»	22	» Marchandises.	9	2	850
»	»	25	» Serval.	9	6	3 500
»	»	30	» A. Arnoul fils	10	9	25.000
»	»	31	» Bremond	11	5	2 000
						39.755
1875	Févr.	1	A Balance d'entrée	15	10	24.105

(1) Folio du Journal ou Main-Courante.
(2) Folio du compte correspondant au Grand-Livre.
(3) Signe indicatif du pointage avec le Journal ou Main-Courante.

1

Avoir

Janv.	1	Par Bilan d'entrée	2	5	57.400	»
»	31	» Profits et Pertes	13	3	2.860	38
					60.260	38
Févr.	1	Par Balance d'entrée	15	10	60.260	38

Avoir

Janv.	7	Par Barbaroux.	4	7	2.000	»
»	17	» Bremond	7	5	2.500	»
»	22	» Frais généraux.	8	4	2.000	»
»	24	» Mobilier.	9	4	1.525	»
»	25	» »	9	4	600	»
»	29	» Bremond.	10	5	6.000	»
»	31	» Frais généraux.	12	4	925	»
»	»	» »	13	4	400	»
»	»	» Balance de sortie	14	10	24.105	»
					39.755	»

2

Doivᵗ MARCHANDIS

Année	Mois	Jour	Libellé			Montant	
1875	Janv.	2	A Bonhomme	2	6	5 025	
»	»	3	» Divers.	2	—	9.045	
»	»	3	» Renard	3	7	5 048	
»	»	10	» Chartier frères	4	7	7.900	
»	»	15	» Duprat	6	9	12.500	
»	»	26	» Féraud	9	9	52.000	
»	»	31	» Divers	12	—	3.000	
»	»	31	» Profits et Pertes	13	3	4.600	
						99.118	
1875	Févr.	1	A Balance d'entrée	15	10	14.843	

Doivᵗ EFFET

Année	Mois	Jour	Libellé			Montant	
1875	Janv.	7	A Barbaroux.	4	7	2.000	
»	»	8	» Bremond	4	5	4.896	5
»	»	15	» Arbaud	6	8	250	
»	»	19	» Bremond	7	5	12.125	
»	»	21	» Philippe.	8	9	14 550	
»	»	30	» A. Arnoul fils.	11	9	30.000	
»	»	31	» Bremond	11	5	3.000	
						66.821	5
1875	Févr.	1	A Balance d'entrée	15	10	32.000	

2

Avoir

Janv.	3	Par Divers.	3	—	2.500	»
»	5	» Michel	3	7	1.200	»
»	8	» Caisse.	4	1	700	»
»	10	» Divers.	5	—	1.005	»
»	10	» Sicard.	5	8	1.000	»
»	12	» Divers.	5	—	1.040	»
»	16	» Caisse.	6	1	780	»
»	18	» Martin.	7	9	1.000	»
»	18	» Philippe.	7	9	15.000	»
»	22	» Lambert.	8	9	1.200	»
»	»	» Caisse.	9	1	850	»
»	28	» A. Arnoul fils	10	9	55.000	»
»	31	» Allègre	12	7	3.000	»
»	»	» Balance de sortie.	14	10	14.843	»
					99.118	»

ECEVOIR.

Avoir

5	Janv.	9	Par Renard	4	7	4.896	55
	»	15	» Bremond	6	5	250	»
	»	19	» Duprat	7	9	12.125	»
	»	29	» Bremond	10	5	14.550	»
	»	31	» Chartier frères	11	7	3.000	»
	»	»	» Balance de sortie	14	10	32.000	»
						66 821	55

3

Doivt EFFET

1875	Janv.	31	A Balance de sortie.	14	10	19.925	»
						19.925	»

Doivt PROFIT

1875	Janv.	21	A Philippe.	8	9	450	»
»	»	31	» Frais généraux.	13	4	2.675	»
»	»	»	» Capital	13	1	2.860	38
						5.985	38

3

YER. **Avoir**

Janv.	1	Par Bilan d'entrée	2	5	10.000	»
»	4	» Bonhomme.	3	6	5.025	»
»	31	» Chartier frères.	11	7	4.900	»
					19.925	»
Févr.	1	Par Balance d'entrée	15	10	19.925	»

ERTES. **Avoir**

Janv.	1	Par Simon.	3	6	181	35
»	3	» Renard	3	7	151	45
»	19	» Duprat	7	9	375	»
»	31	» Marchandises	12	2	150	»
»	»	» Bremond	13	5	27	58
»	»	» Divers.	13	—	5.100	»
					5.985	38

4

Doivt **FRA**

1875	Janv.	22	A Caisse	8	1	2.000
»	»	31	» Id.	12	1	925
»	»	31	» Id.	13	1	100
						3 025

Doivt **IMMEUBLE**

1875	Janv.	1	A Bilan d'entrée	1	5	29.700
1875	Févr.	1	A Balance d'entrée	15	10	29 700

Doit **MOBILIE**

1875	Janv.	1	A Bilan d'entrée	1	5	1.850
»	»	24	» Caisse.	9	1	1.525
»	»	25	» Caisse.	9	1	600
						3.975
1875	Févr.	1	A Balance d'entrée	15	10	3 975

4

ÉRAUX. **Avoir**

Janv.	31	Par Marchandises	12	2	350	»
»	»	» Profits et Pertes	13	3	2.675	»
					3.025	»

Avoir

Janv.	31	Par Balance de sortie.	14	10	29.700	»

Avoir

Janv.	31	Par Balance de sortie.	14	10	3.975	»
					3.975	»

5

Doit BILA

1875	Janv.	1	A Divers.	1	–	67.400	

Doivt ACTION

1875	Janv.	1	A Bilan d'entrée	1	5	25.000	
»	»	31	» Profits et Pertes.	13	3	500	
						25.500	
1875	Févr.	1	A Balance d'entrée	15	10	25.500	

Doit BREMOND, banquie

1875	Janv.	1	A Bilan d'entrée	1	5	10 000	
»	»	15	» Effets à recevoir	6	2	250	
»	»	17	» Caisse.	7	1	2 500	
»	»	29	» Divers.	10	—	20.550	
»	»	31	» Profits et Pertes	13	3	27	55
						33.327	55
1875	Févr.	1	A Balance d'entrée	15	10	9.306	03

5

TRÉE **Avoir**

Janv.	1	Par Divers	1	—	67.400	»

Avoir

Janv.	31	Par Balance de sortie	14	10	25.500	»
					25.500	»

ette ville **Avoir**

Janv.	8	Par Effets à recevoir	4	2	4.896	55
»	14	» Caisse	6	1	2.000	»
»	19	» Effets à recevoir	7	2	12.125	»
»	31	» Divers	11	—	5.000	»
»	»	» Balance de sortie	14	10	9.306	03
					33.327	58

6

Doit BONHOMM

1875	Janv.	4	A Effets à payer	3	3	5.025

Doit LU

1875	Janv.	31	A Balance de sortie.	14	10	3.000

Doit SIMO

1875	Janv.	3	A Profits et Pertes	3	3	181
»	»	31	» Balance de sortie.	14	10	5.863
						6.045

Doit Madame NICOLA

1875	Janv.	3	A Marchandises	3	2	700
1875	Fév.	1	A Balance d'entrée	15	10	700

Doit SERVA

1875	Janv.	31	A Balance de sortie.	14	10	3.500

6

aris **Avoir**

Janv.	2	Par Marchandises	2	2	5.025	»

yon **Avoir**

Janv.	3	Par Marchandises . , ...	2	2	3.000	»
Févr.	1	Par Balance d'entrée	15	10	3.000	»

aint-Étienne **Avoir**

Janv.	3	Par Marchandises	2	2	6.045	»
					6.045	»
Fév.	1	Par Balance d'entrée	15	10	5.863	65

ette ville **Avoir**

Janv.	31	Par Balance de sortie.	14	10	700	»

ette ville **Avoir**

Janv.	25	Par Caisse	9	1	3.500	»
Fév.	1	Par Balance d'entrée	15	10	3.500	»

7

Doit RENAR

1875	Janv.	5	A Profits et Pertes.	3	3	151
»	»	9	» Effets à recevoir	4	2	4.896
						5.048

Doit MICH

1875	Janv.	5	A Marchandises.	3	2	1.200

Doit BARBARO

1875	Janv.	7	A Caisse.	4	1	2.000

Doivt CHARTIER frèr

1875	Janv.	31	A Divers	11	—	7.900

Doit ALLÈGI

1875	Janv.	31	A Marchandises	12	2	3.000
1875	Fév.	1	A Balance d'entrée	15	10	3.000

ubaix — **Avoir**

Janv.	5	Par Marchandises.	3	2	5.048	»
					5.048	»

ette ville — **Avoir**

Janv.	10	Par Caisse	5	1	1.200	»

ette ville — **Avoir**

Janv.	7	Par Effets à recevoir	4	2	2.000	»

aris — **Avoir**

Janv.	10	Par Marchandises	4	2	7.900	»

ette ville — **Avoir**

Janv.	31	Par Balance de sortie.	14	10	3.000	»

8

Doit ARBA

1875	Janv.	10	A Marchandises	5	2	250

Doit SICA

1875	Janv.	10	A Marchandises.	5	2	1.000
1875	Fév.	1	A Balance d'entrée.	15	10	1.000

Doit LAU

1875	Janv.	12	A Marchandises	5	2	320

Doit GIRAI

1875	Janv.	12	A Marchandises	5	2	720
1875	Fév.	1	A Balance d'entrée	15	10	720

Doit MOSQUEI

1875	Janv.	31	A Balance de sortie.	14	10	2.500

8

ette ville **Avoir**

Janv.	15	Par Effets à recevoir	6	2	250	»

ette ville **Avoir**

Janv.	31	Par Balance de sortie.	14	10	1.000	»

cette ville **Avoir**

5	Janv.	16	Par Caisse.	6	1	320	»

cette ville **Avoir**

5	Janv.	31	Par Balance de sortie.	14	10	720	»

Valence (Espagne) **Avoir**

'5	Janv.	31	Par Marchandises.	12	2	2.500	»
75	Fév.	1	Par Balance d'entrée	15	10	2.500	»

9

Doit DUPRAT,

1875	Janv.	19	A Divers	7	»	12.500

Doit MART

1875	Janv.	18	A Marchandises.	7	2	1.000
1875	Fév.	1	A Balance d'entrée	15	10	1.000

Doit PHILIPI

1875	Janv.	18	A Marchandises	7	2	15.000

Doit ARNOUL f

1875	Janv.	28	A Marchandises.	10	2	55.000

Doit LAMBEI

1875	Janv.	22	A Marchandises	8	2	1.200
1875	Fév.	1	A Balance d'entrée	15	10	1.200

Doit FÉRAU

1875	Janv.	31	A Balance de sortie.	14	9	52.000

9

andol (Var) **Avoir**

5 Janv.	15	Par Marchandises.	6	2	12.500	»

Toulon **Avoir**

5 Janv.	31	Par Balance de sortie.	14	10	1.000	»

Paris **Avoir**

5 Janv.	21	Par Divers.	8	—	15.000	»

Toulon **Avoir**

5 Janv.	30	Par Divers.	10	—	55 000	»

cette ville **Avoir**

5 Janv.	31	Par Balance de sortie	14	10	1.200	»

cette ville **Avoir**

75 Janv.	26	Par Marchandises	9	2	52.000	»
75 Fév.	1	Par Balance d'entrée	15	10	52.000	»

10

Doit BALANC

1875	Janv.	31	A Divers.	14	—	147.049	0

Doit BALANC

1875	Fév.	1	A Divers.	15	—	147.049	03

10

rtie **Avoir**

Janv.	31	Par Divers.	14	—	147.049	03

trée **Avoir**

Fév.	1	Par Divers.	15	—	147.049	03

RÉPERTOIRE DU GRAND-LIVRE

EN PARTIE DOUBLE

BALANCE DE VÉRIFICATION DES ÉCRITURES

EN PARTIE DOUBLE

Jusqu'à la fin de la page 12 du Journal ou Main-Courante

(1)		DÉBIT.		CRÉDIT.	
1	CAPITAL.	»	»	57.400	»
1	CAISSE	39.755	»	15 550	»
2	MARCHANDISES	94.518	»	84.275	»
2	EFFETS A RECEVOIR.	66.821	55	34.821	55
3	EFFETS A PAYER	»	»	19.925	»
3	PROFITS ET PERTES.	450	»	857	80
4	FRAIS GÉNÉRAUX	2.925	»	350	»
4	IMMEUBLES.	29.700	»	»	»
4	MOBILIER	3.975	»	»	»
5	BILAN D'ENTRÉE.	67.400	»	67.400	»
5	ACTIONS.	25.000	»	»	»
5	BREMOND	33.300	»	24.021	55
6	BONHOMME.	5.025	»	5.025	»
6	LUC	»	»	3.000	»
6	SIMON.	181	35	6.045	»
6	Mme NICOLAS.	700	»	»	»
6	SERVAL	»	»	3.500	»
7	RENARD.	5.048	»	5.048	»
7	MICHEL	1.200	»	1.200	»
7	BARBAROUX	2.000	»	2.000	»
7	CHARTIER FRÈRES.	7.900	»	7.900	»
7	ALLÈGRE	3.000	»	»	»
8	ARBAUD.	250	»	250	»
8	SICARD	1.000	»	»	»
8	LAURE	320	»	320	»
8	GIRAUD	720	»	»	»
8	MOSQUERA.	»	»	2.500	»
9	DUPRAT.	12.500	»	12.500	»
9	MARTIN.	1.000	»	»	»
9	PHILIPPE	15.000	»	15.000	»
9	ARNOUL FILS.	55.000	»	55.000	»
9	LAMBERT	1.200	»	»	»
9	FÉRAUD.	»	»	52.000	»
		475.888	90	475.888	90

(1) Folio du Grand-Livre.

RELEVÉ DES SOLDES

Pour la formation de la Balance de sortie et d'entrée au 31 janvier 1875

		DÉBIT.		CRÉDIT.	
1	Capital	60.260	38	»	»
1	Caisse	»	»	24.105	»
2	Marchandises	»	»	14.843	»
2	Effets a recevoir	»	»	32.000	»
3	Effets a payer	19 925	»	»	»
4	Immeubles	»	»	29.700	»
4	Mobilier	»	»	3.975	»
5	Actions	»	»	25.500	»
5	Bremond	»	»	9.306	03
6	Luc	3.000	»	»	»
6	Simon	5.863	65	»	»
6	Mme Nicolas	»	»	700	»
6	Serval	3 500	»	»	»
7	Allègre	»	»	3.000	»
8	Sicard	»	»	1.000	»
8	Giraud	»	»	720	»
8	Mosquera	2.500	»	»	»
9	Martin	»	»	1.000	»
9	Lambert	»	»	1.200	»
9	Féraud	52.000	»	»	»
		147.049	03	147.049	03

CHAPITRE VII

Modèle d'inventaire pour la partie simple. — Modèle d'inventaire pour la partie double. — Modèle de compte courant simple. — Modèle de compte courant et d'intérêts, suivant l'ancienne méthode. — Modèle de compte courant et d'intérêts, suivant la nouvelle méthode. — Modèle de Livre de caisse en partie simple. — Modèle de Livre de caisse en partie double. — Modèle de compte de vente. — Modèle de billet à ordre. — Modèle de traite ou mandat.

MODÈLE D'INVENTAI

APRÈS LES OPÉRATIONS COMPRISES DANS LA PÉRIODE D'UN M

OU MAIN-COURANTE

Résumé de l'inventaire de Jean BONNEF

AVOIR.			
Espèces en caisse			24.105
Marchandises en magasin suivant détail au livre qui leur est affecté.			14.843
Effets en portefeuille comme suit, que je dois négocier, céder ou toucher à leurs échéances :			
Billet Barbaroux à mon ordre au 31 courant. .	2.000	»	
Billet Arnoul fils, à trois jours de vue.	10.000	»	
Traite du dit sur Bordeaux au 5 février prochain, passée à mon ordre	10.000	»	
Un effet reçu du même et passé à mon ordre, sur Marseille au 6 février prochain	10.000	»	32.000
Ma maison et ma campagne estimées.			29.700
Mes meubles de toute nature estimés suivant ce qu'ils ont coûté			3.975
Cinquante actions P.-L.-M. au cours du jour . .			25.500
Restant dû ce jour par divers débiteurs, suivant relevé de leurs comptes au Grand-Livre. . . .			16.926
TOTAL.			147.049

JR LA PARTIE SIMPLE

:-A-DIRE DU 1er AU 31 JANVIER 1875, SUR NOTRE JOURNAL

.E GRAND-LIVRE

Marseille, au 31 janvier 1875.

DETTES.				
vers effets comme ci-après, suivant mon carnet l'échéances, et que je dois payer :				
Mon billet à l'ordre de Jules Bonnefoy, au 5 mars prochain	7.000	»		
Mon billet à l'ordre de Sicard, au 10 février prochain	3.000	»		
Mon billet à l'ordre de Bonhomme, au 15 mars prochain	5.025	»		
Mon billet à l'ordre de Chartier frères, au 3 avril prochain.	4.900	»	19.925	»
ivant relevé du solde à nouveau des divers comptes au Grand-Livre, et conformément à ma Balance de vérification (1) :				
dois à divers créanciers	»	»	66.863	65
n avoir ou fortune liquide est par conséquent aujourd'hui de F. 60.260 38, ce qui porte les bénéfices nets que j'ai réalisés du 1er janvier à ce jour à la somme de 2.860f 38	»	»	60.260	38
TOTAL ÉGAL à celui de mon avoir brut. .			147.049	03

Voir cette Balance à la page 93.

MODÈLE D'INVENTAI

APRÈS LES OPÉRATIONS COMPRISES DANS LA PÉRIODE D'UN M

OU MAIN-COURANTE

Résumé de l'inventaire de Jean BONNEF

ACTIF			
CAISSE,			
Espèces en caisse			24.105
MARCHANDISES,			
Celles existant en magasin et détaillées sur le livre qui leur est affecté.			14 843
EFFETS à RECEVOIR,			
Pour ceux qui suivent, trouvés en portefeuille :			
Billet Barbaroux, à mon ordre au 31 courant. .	2.000	»	
Billet Arnoul fils, à trois jours de vue.	10.000	»	
Traite du dit sur Bordeaux, au 5 février prochain	10.000	»	
Un effet reçu du même, sur Marseille au 6 février prochain.	10.000	»	32.000
IMMEUBLES,			
Ceux que je possède, estimés à leur valeur primitive.			29.700
MOBILIER,			
Celui existant, estimé suivant les dépenses qu'il a occasionnées			3.975
ACTIONS,			
Cinquante actions de chemins de fer P.-L.-M., au cours du jour.			25.500
DIVERS DÉBITEURS en COMPTE COURANT qui figurent sur mes livres, suivant balance de sortie			16.926
TOTAL.			147.049

UR LA PARTIE DOUBLE

ST-A-DIRE DU 1er AU 31 JANVIER 1875, SUR NOTRE JOURNAL
RE GRAND-LIVRE

Marseille, au 31 janvier 1875

PASSIF.				
FFETS à PAYER,				
Ceux qui suivent, d'après mon carnet d'échéances :				
Mon billet à l'ordre de Jules Bonnefoy, au 5 mars prochain	7.000	»		
Mon billet à l'ordre de Sicard, au 10 février prochain	3.000	»		
Mon billet à l'ordre de Bonhomme, au 15 mars prochain.	5.025	»		
Mon billet à l'ordre de Chartrier frères, au 3 avril prochain.	4.900	»	19.925	»
IVERS CRÉANCIERS				
En compte courant qui figurent sur mes livres suivant balance de sortie			66.863	65
APITAL,				
Celui que je possède à ce jour et qui constitue la différence entre mon actif et mon passif . .			60 260	38
SOMME ÉGALE à celle de mon actif ci-contre.			147.049	03

MODÈLE DE COMPT

Doit **Auguste SARRAIRE, de Marseill**

1875	Janv.	15	Ma facture	500	»
»	Fév.	19	Id.	650	»
»	Mars.	25	Id.	700	»
»	»	26	Payé pour son compte à Poirier, de cette ville	250	»
»	»	29	Ma facture	875	»
»	Avril.	15	Sa traite sur moi, ordre Valentin	225	»
»	Mai.	10	Ma facture	305	»
				3.505	»
1875	Mai.	15	Débiteur ce jour	366	»

URANT SIMPLE

ANGLOIS, de Paris **Avoir**

5 Fév.	9	Sa remise sur Paris au 15 courant	450	»
Mars.	5	Id. au 25 id.	285	»
»	15	Mon mandat ordre Scipion à 5 jours de vue.	850	»
»	26	Son envoi d'un baril de rhum	250	»
Avril.	25	Ma traite ordre Signoret à 15 jours de vue.	950	»
»	30	Payé pour mon compte à M. Blanc. . . .	350	»
»	»	Frais de dépêche.	4	»
Mai.	15	Solde à nouveau.	366	»
			3.505	»

S. E. ou O. (1)

Paris, le 15 mai 1875.

LANGLOIS.

Sauf erreur ou omission.

MODÈLE DE COMPTE COURANT ET D'INTÉRÊT

(1)
5
Doit **Monsieur BREMOND, de Marseille, à Jean BONNEFO**
au taux de 5 % l'an

		(2)	(3)				(4)	(5)	(6)
1875	Janv.	1	10.000	»	Mon versement du 15 décembre dernier . .	15	Déc.	47	470.00
»	»	15	250	»	Ma remise sur Arbaud, au 31 courant. . . .	31	Janv.	»	[illegible]
»	»	17	2 500	»	Mon versement. . . .	17	»	14	35.00
»	»	29	14.550	»	Ma remise sur divers au 20 février p^{in}. . . .	20	Fév.	20	(7) *291.00*
»	»	»	6.000	»	Mon versement, valeur 30 courant	30	Janv.	1	6.00
»	»	31	27	58	Intérêts 5% sur 201.319 nombres.				
			33.327	58					511.00
»	Fév.	1	9.306	03	Solde du compte précédent.	31	Janv.		

(1) Folio du compte au Grand-Livre.
(2) Date de l'article.
(3) Sommes ou capitaux.
(4) Echéances ou valeurs.
(5) Jours.
(6) Nombres.
(7) Nombres rouges.

IVANT L'ANCIENNE MÉTHODE

la même ville, son compte courant et d'intérêts **Avoir**

·été au 31 janvier 1875

5 Janv.	8	4.896	55	Sa remise sur Roubaix, à vue	11	Janv.	20	97.931
»	14	2.000	»	Reçu en espèces. . . .	14	»	17	34.000
»	19	12.125	»	Sa remise sur Bandol .	25	»	6	72.750
»	31	3 000	»	Sa remise sur Paris . .	3	Avril.	62	(1) *186.000*
»	»	2.000	»	Reçu en espèces. . . .	31	Janv.	»	»
				Balance des nombres rouges.				105.000
				Balance des nombres. .				201.319
»	»	9.306	03	Débiteur à nouveau . .				
		33 327	58					511.000

S. E. ou O.

Marseille, le 31 janvier 1875.

J. BONNEFOY.

) Nombres rouges.

MODÈLE DE COMPTE COURANT ET D'INTÉRÊTS

Doit **Monsieur BREMOND, de Marseille, à Jean BONNEFOY**

au taux de 5 °/₀ l'an

1875 Janv.	1	10.000	»	Mon versement du 15 décembre dernier. .	15	Déc.		*Époque.*
» »	15	250	»	Ma remise sur Arbaud.	31	Janv.	47	11.750
» »	17	2.500	»	Mon versement. . . .	17	»	33	82.500
» »	29	14.550	»	Ma remise sur divers, au 20 février prochain	20	Fév.	67	974.850
» »	29	6.000	»	Mon versement, valeur du 30 courant. . . .	30	Janv.	46	276.000
» »	31	27	58	Intérêts 5 p. 0/0 sur balance des nombres.				201.319
		33.327	58					1.546.419
		9.306	03	Solde du compte précédent.	31	Janv.		

IVANT LA NOUVELLE MÉTHODE

la même ville, son compte courant et d'intérêts, **Avoir**

êté au 31 Janvier 1875

Janv.	8	4.896	55	Sa remise sur Roubaix, à vue	11	Janv.	27	132 207
»	14	2.000	»	Reçu en espèces. . . .	14	»	30	60.000
»	19	12.125	»	Sa remise sur Bandol .	25	»	41	497.125
»	31	3.000	»	Sa remise sur Paris . .	3	Avril.	109	327.000
»	»	2 000	»	Reçu en espèces. . . .	31	Janv.	47	94.000
				9.278f45 Balance des capitaux.	31	»	47	436.087
»	»	9.306	03	Débiteur à nouveau . .				
		33.327	58					1.546.419

S. E. ou O.

Marseille, le 31 janvier 1875.

NOTA. — On voudra bien remarquer, en comparant ce compte courant dressé vant les deux méthodes, que les résultats sont identiques.

MODÈLE DE LIVRE D[E]

			RECETTES		
1875	Janv.	1	Espèces en caisse	850	»
»	»	4	Reçu de divers pour ventes au comptant. .	1.800	»
»	»	9	» » »	700	»
»	»	10	» » »	755	»
»	»	10	» de Michel pour solde de ma facture du 5 courant	1.200	»
»	»	14	» de Bremond en compte courant . . .	2.000	»
»	»	16	» de Laure, pour solde de ma facture du 12 courant.	320	»
»	»	»	» de divers pour ventes au comptant. .	780	»
»	»	22	» » »	850	»
»	»	25	» de Serval en compte courant	3.500	»
»	»	30	» d'Arnoul, son envoi en espèces. . . .	25.000	»
»	»	31	» de Bremond en compte courant . . .	2.000	»
				39.755	»
1875	Fév.	1	Espèces en caisse.	24.105	»

SSE EN PARTIE SIMPLE

		DÉPENSES		
Janv.	7	Compté à Barbaroux	2 000	»
»	17	Mon versement à Bremond.	2.500	»
»	22	Mon paiement à M. Jacques pour loyer. . .	2 000	»
»	24	» à André, menuisier	1 525	»
»	25	» à Louis, serrurier	600	»
»	29	Mon versement à Bremond.	6.000	»
»	31	Payé à divers pour courtage, etc..	100	»
»	»	» à Daumas, ses appointements de janvier.	200	»
»	»	» à Paul, » »	150	»
»	»	» à Pierre, ses salaires de janvier . . .	100	»
»	»	Frais divers pendant le mois.	175	»
»	»	Mon prélèvement de janvier	300	»
»	»	En caisse à nouveau	24.105	»
			39 755	»

MODÈLE DE LIVRE I

Doit CAIS

1875 Janv.	1	BILAN D'ENTRÉE .	Espèces en caisse.	850
» »	3	MARCHANDISES. .	Vente au comptant. . . .	1.800
» »	8	»	»	700
» »	10	»	»	755
» »	10	MICHEL.	Son paiement de ma facture du 5 courant . . .	1.200
» »	14	BREMOND	Reçu en compte courant .	2.000
» »	16	LAURE	Son paiement	320
» »	»	MARCHANDISES.	Reçu de divers pour ventes au comptant.	780
» »	22	»	» »	850
» »	25	SERVAL.	Son versement en compte courant.	3.500
» »	30	ARNOUL FILS . .	Son envoi par chemin de fer.	25.000
» »	31	BREMOND	Reçu en compte courant. .	2.000
				39.755
1875 Fév.	1	BALANCE	Solde en caisse	24.105

SE EN PARTIE DOUBLE

Avoir

Janv.	7	BARBAROUX . . .	Ma remise en espèces. . .	2.000	»
»	17	BREMOND. . . .	Mon versement	2.500	»
»	22	FRAIS GÉNÉRAUX .	Mon paiement à M. Jacques pour loyer	2.000	»
»	24	MOBILIER. . . .	Payé à André, menuisier .	1 525	»
»	25	» . . .	» à Louis, serrurier . .	600	»
»	29	BREMOND. . . .	Mon versement	6.000	»
»	31	FRAIS GÉNÉRAUX .	Payé à Daumas, ses appointements	200	»
»	»	»	» à Paul, »	150	»
»	»	»	» à Pierre, ses salaires.	100	»
»	»	»	Frais divers pendant le mois.	175	»
»	»	»	Mon prélèvement de janvier	300	»
»	»	»	Payé à divers pour courtage, etc..	100	»
»	»	BALANCE	Solde en caisse	24.105	»
				39.755	»

[…]A. — Comme il faut autant que possible que sur le Livre de caisse on ne […]re qu'une ligne à chaque article, le défaut d'espace nous oblige d'abréger les […]s sur les modèles ci-dessus ; mais, dans la pratique, on devra les compléter le […]u'on pourra quoique on puisse, à la rigueur, consulter le Journal ou Main[…]nte.

MODÈLE DE COMPTE DE VENTE

Compte de vente remis par Jean BONNEFOY, de Marseille, à Monsieur MOSQUERA, de Valence (Espagne).

200 caisses oranges d'Espagne vendues pour le compte de ce dernier, à raison de 15 francs la caisse . . . . F. 3.000

FRAIS A DÉDUIRE :

Magasinage, camionnage, etc..	320f	
Courtage 1 °/o	30	
Commission 5 °/o	150	500

Net produit à votre crédit, valeur de ce jour. . . 2.500

Marseille, le 31 janvier 1875.

J. BONNEFOY.

Le compte de vente ci-dessus est ce qu'on peut concevoir de plus simple; mais le lecteur aura du moins un aperçu de ce genre de comptes quant à la manière de les disposer, et s'il s'agissait d'un compte qui comporterait un certain mouvement de fonds entre les correspondants, ainsi que d'autres frais qui nécessiteraient plus de détails et donneraient lieu à des valeurs communes, notre théorie sur celles-ci dissipera toute hésitation et fournira le moyen de dresser ces comptes tels qu'ils doivent l'être selon les différents cas.

MODÈLE DE BILLET A ORDRE

Paris, le 31 juillet 1875. *B.P.F. 1.000*

Au trente-un août prochain nous paierons à l'ordre de Monsieur Latty, de Marseille, la somme de *mille francs*, valeur reçue en espèces (1).

CARROZ ET Cie,

rue. . . . ., n°. . .

MODÈLE DE TRAITE OU MANDAT

Marseille, le 25 août 1875. *B.P.F. 3.000*

Au trente septembre prochain, veuillez payer contre le présent à mon ordre la somme de *trois mille francs*, valeur en marchandises (2).

POIRIER.

A Monsieur G. HAMOUY

rue. . . . ., n°. . .

Versailles.

(1 2) Ou valeur comptant, en compte, etc., et ajouter, selon le cas : suivant avis ou suivant ma lettre du. . . ., et si l'effet n'est pas écrit de la main propre du souscripteur, celui-ci devra ajouter, avant la signature, et en toutes lettres : *Bon pour. . . . . francs.*

FIN

TABLE DES MATIÈRES

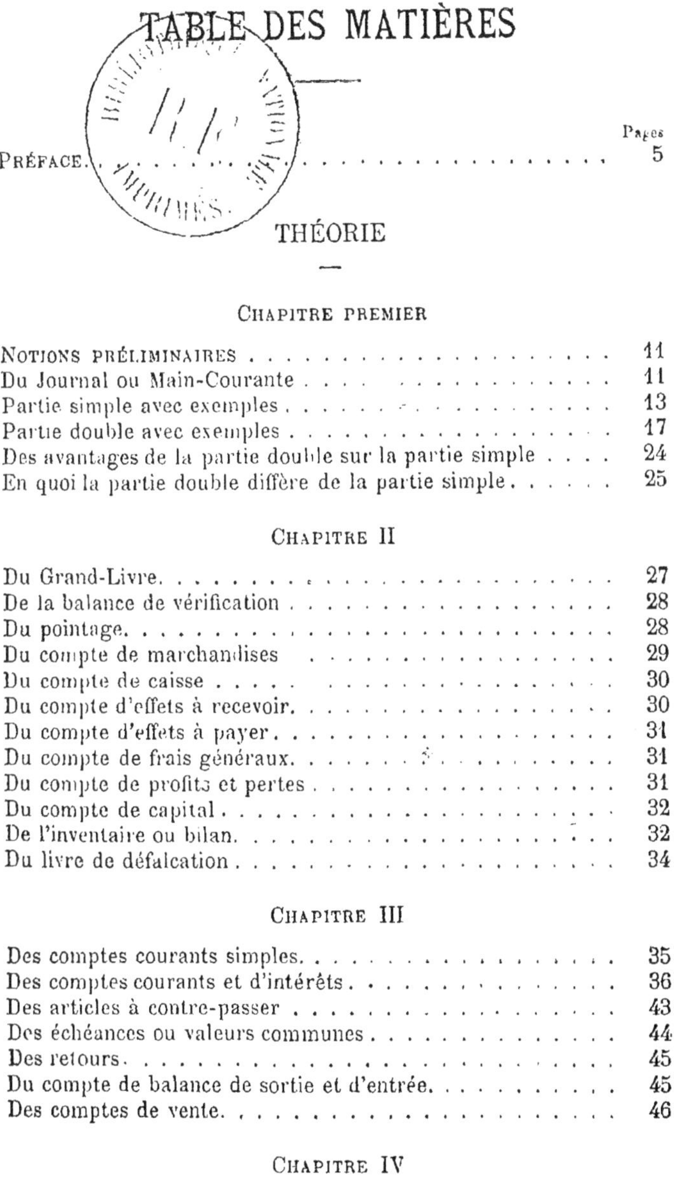

PRATIQUE

Chapitre V

Chapitre VI

Chapitre VII

FIN DE LA TABLE DES MATIÈRES.

12288 Toulon. — Typ. et Lith. Michel Massone, boulevard de Strasbourg, 56.

www.ingramcontent.com/pod-product-compliance
Ingram Content Group UK Ltd.
Pitfield, Milton Keynes, MK11 3LW, UK
UKHW021048200726
13857UKWH00003B/858